[監修] 東京大学名誉教授 浅田邦博
一般社団法人 パワーデバイス・イネーブリング協会

パワーエレクトロニクス編

日経BPコンサルティング

はじめに

　私たちの生活はIoT時代の到来、AI技術の進歩、省エネルギー社会への転換などにより、大きく様変わりしようとしています。

　特に新興国を中心に目覚ましい経済発展する中で、エネルギー問題は深刻かつ早期に解決すべき世界での課題となっています。

　その課題を解決するために、高効率で電力制御を可能とするパワーデバイスの高性能化と高品質化が期待されています。

　その筆頭となる自動車は、HEV、EV化による高効率パワーデバイスの使用、自動運転技術によるビッグデータの活用などによる、安心・安全で効率的な電力制御技術の実現が不可欠とされています。

　自動車以外にも、家電、工作機械、FA機器、電車、新幹線など、あらゆるモーターアプリケーションにパワーデバイスは搭載され、今後も市場拡大が期待されている産業となっております。

　このような状況下において、パワーエレクトロニクスのより実務的な知識や品質保証の知識を習得することができる書籍が必要との声があり、パワーデバイスの設計、製造から最新のアプリケーショ

ンの品質保証までを解説した『はかる×わかる半導体　パワーエレクトロニクス編』を発刊する運びとなりました。

　本書は2013年に発刊した『はかる×わかる半導体　入門編』を基礎とし、さらに本書と同時発刊する『はかる×わかる半導体　応用編』と合わせて読むことで、さらに実務に近く深い知識を習得できるとともに、パワーデバイスの品質保証についても高度な知識の習得が可能となります。

　今後、パワーエレクトロニクスのエンジニアを目指す方、パワーデバイスの品質保証やテストの知識を習得したい方および、より高度な専門知識を身につけ指導的立場でマネジメントをしていくことを目指す方々にとって最適な書籍となりました。

　また、この『はかる×わかる半導体　パワーエレクトロニクス編』は、「半導体技術者検定　エレクトロニクス2級パワーエレクトロニクス」(旧・半導体テスト技術者検定)の公式テキストとして採用されており、検定を受検し資格の取得を目指す方々にとっても、十分に活用できる内容となっております。

そして、この検定は一般社団法人パワーデバイス・イネーブリング協会の理念でもある、「パワーデバイスの規格化、標準化を進め、安全性の客観的評価を可能とする」を具体化するために、半導体の品質、試験について、その重要性の知識を有する方を数多く輩出し、半導体産業を支える糧となることを期待しています。

　最後になりましたが、本書の発刊にあたり、多くの方々にご協力をいただき、深く感謝いたします。

2019年4月
　一般社団法人パワーデバイス・イネーブリング協会

目次 Contents

はじめに ……… i

序章 「はかる×わかる半導体」パワーエレクトロニクス編について
Preface ……… 1

第1章 パワーデバイスの基礎
Foundation

- 1.1 パワーデバイスの種類 ……… 6
- 1.2 半導体デバイスの基本特性 ……… 9
- 1.3 ショットキーバリアダイオード ……… 24
- 1.4 PiNダイオード ……… 32
- 1.5 パワーMOSFET ……… 42
- 1.6 IGBT ……… 59
- 1.7 次世代パワーデバイス ……… 82
- コラム 膜厚測定の思い出 ……… 88

第2章 パワーデバイスの製造プロセス
Manufacturing Process

- 2.1 パワーデバイスプロセス ……… 92
- 2.2 高性能化プロセス ……… 99
- コラム 失敗から学ぶこと（失敗は宝の山）……… 122

第3章 パワーモジュール　Power Module

- 3.1 パワーモジュール構造 ……… 126
- 3.2 パワーモジュール製造 ……… 137
- 3.3 パワーモジュール高性能化 ……… 145
- コラム 生産性向上は誰のため？ ……… 156

第4章 パワーデバイスの測定　Measurement

- 4.1 デバイス特性の定義 ……… 160
- 4.2 チップテスト ……… 162
- 4.3 モジュールテスト ……… 166
- コラム 社内表彰制度 ……… 170

第5章 パワーデバイスの応用　Application

- 5.1 パワーデバイスの応用回路 ……… 174
- 5.2 整流回路 ……… 175
- 5.3 DC-DCコンバータ ……… 178
- 5.4 インバータ ……… 203
- 5.5 その他の応用回路と関連事項 ……… 207
- コラム デジタル判定とアナログ解析 ……… 217

第6章 パワーデバイスの品質保証 Quality Assurance

- 6.1 故障モード ……… 222
- 6.2 信頼性試験 ……… 227
- コラム 森も見て、木も見て ……… 236

付録
- 執筆者一覧 ……… 240
- 索 引 ……… 243

「はかる×わかる半導体」
パワーエレクトロニクス編について

Preface
Power Electronics

半導体技術者検定（旧・半導体テスト技術者検定）は、半導体の設計・製造・テストエンジニア、品質保証、半導体を利用した回路設計エンジニアなど、半導体に関わる技術者の地位向上、社会認知度の向上のほか、目標、学習の指針となることを目指して、2013年度から開始されました。

図1は過去の受験者の職種および業種です。広く半導体に関わるエンジニアリングに支持されてきました。

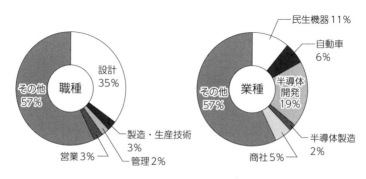

図1　受験者の職種／業種[注]

図2は、半導体技術者検定の構成です。2018年度からエレクトロニクス2級の検定が始まりました。

エレクトロニクス2級では、「設計と製造」、「応用と品質」および「パワーエレクトロニクス」の検定を実施しています。それぞれの中堅開発者として最も期待されるエンジニアを対象に、資格を認定する制度です。エレクトロニクス1級は、開発を指導する立場のエンジニアとして、広く知識を有することを期待し、3種類すべてのエレクトロニクス2級の資格を持つ方を認定します。

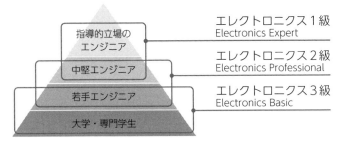

図2　半導体技術者検定の構成[注)

　パワーデバイスは、パワーエレクトロニクス産業を根底から支えるデバイスです。今後、分散型発電やスマートグリッド化が進む中ますます重要になります。さらに低炭素化社会の実現に向けた自動車のモータ駆動化には必須のデバイスです。

　現状パワーデバイスは、ほとんどがSiを用いて製造されています。Siパワーデバイスは、Si集積回路で培われてきた技術の適用とパワーデバイス特有技術の開発により、大きく特性を向上させてパワーエレクトロニクス産業に貢献してきました。一方で、その特性向上の限界が近いと言われ出しています。

　そのため、SiC、GaNや酸化ガリウムなどの新規材料に期待が持たれています。確かにこれらの材料を適用したデバイスの特性は非常に良好です。しかしながら、これらパワーデバイスの本格量産には課題が山積しています。

　このような背景を踏まえて、エレクトロニクス2級「パワーエレクトロニクス」の検定を開始しました。エレクトロニクス2級「パワーエレクトロニクス」は、パワー系半導体の設計、製造、パワー系半導体を利用した機器設計、アプリケーション開発、販売、品質

保証の業務分野におけるより専門的な知識経験を問う問題から出題されています。

　パワーデバイス産業は、以前から日本は高い技術力を有しており、現在でも優位に立っています。しかしながら、教育体制が十分確立しているとはいえないのが現実です。エレクトロニクス2級「パワーエレクトロニクス」の受験者からも、受験のための参考書を望む声が多く聞かれます。それらのニーズに応えるべく、本書の発刊にいたりました。

　世界的に見ると、世界ナンバーワンのパワーデバイスメーカーはすでに300mmウェーハを用いてSiパワーデバイスの製造を開始しています。SiCデバイスの開発にも積極的です。中国は現状のパワーデバイス製造技術としては日本に遅れていますが、国家がパワーデバイス技術開発を強力に支援しており、数年で日本の技術力に追いつくと考えられます。今後の日本は、世界の中での厳しい闘いとなります。

　日本が今後もパワーデバイス業界で先導的地位を維持していくためには、若いエンジニアの継続的な育成が必須です。エレクトロニクス2級「パワーエレクトロニクス」検定が、パワーデバイス開発エンジニアの向上心の刺激になることを期待しています。そして、本書が資格獲得のための一助になれば望外の喜びです。

注）一般社団法人パワーデバイス・イネーブリング協会ホームページ

パワーデバイスの基礎

Chapter: 1
Foundation

1.1 パワーデバイスの種類
1.2 半導体デバイスの基本特性
1.3 ショットキーバリアダイオード
1.4 PiN ダイオード
1.5 パワー MOSFET
1.6 IGBT
1.7 次世代パワーデバイス

1.1 パワーデバイスの種類

1.1.1 パワーデバイスとは

　パワーデバイスは、電力機器向けの半導体デバイスで、電力変換回路に用いられます。一対の主端子を持っており、そのオン・オフを行うことができます。図1-1はパワーデバイスの例です。

　パワーデバイスに求められることは、1．オン時には電気抵抗が小さいこと（電流通電時の電圧降下が小さいこと）、2．オフ時は電気抵抗が大きいこと（漏れ電流が小さいこと）、3．オンとオフの切り替え（スイッチング）を高速かつスムーズに行えること、などがあります。

(a)　IGBT (Insulated Gate Bipolar Transistor)
コレクタ (C) とエミッタ (E) が主端子
ゲート (G) の制御端子でC-E間をオン／オフできます

(b)　MOSFET (Metal Oxide Semiconductor Field Effect Transistor)
ドレイン (D) とソース (S) が主端子
ゲート (G) の制御端子でD-S間をオン／オフできます

(c)　ダイオード
アノード (A) とカソード (K) が主端子
AからKの向きに電流が流れるときにオン、その逆向きのときはオフになります

図1-1　パワーデバイスの例

1.1.2 パワーデバイス構造と使用領域

パワーデバイスには大別して制御端子がないものとあるものがあり、それぞれにバイポーラデバイスとユニポーラデバイスがあります。

図1-2は主なパワーデバイスの分類をまとめたものです。

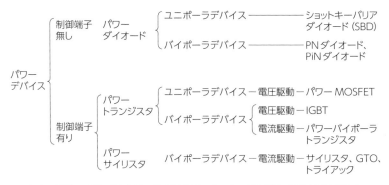

(1章1.2以降で、SBD、PNダイオード、PiNダイオード、パワーMOSFET、IGBTを取りあげます)

図1-2 パワーデバイスの種類と分類

図1-3は各デバイスの定格電力(定格電圧と定格電流の積で定義)とその動作周波数の関係です。

バイポーラデバイスは高電圧・大電流に適していますが、スイッチング動作が遅いために、スイッチング損失が大きくなる傾向にあります。このため、大電力で動作周波数の低い領域で使用するのに適しています。ユニポーラデバイスはスイッチングが高速ですが、高耐圧にするとオン抵抗が大きくなるために、動作周波数が高く、小電力の領域で使用するのに適しています。

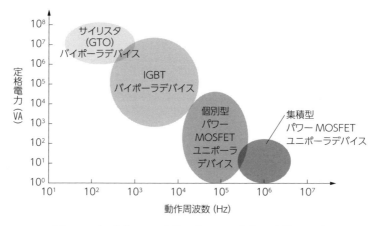

図1-3　各デバイスの定格電力とその動作周波数の関係

　図1-4は各デバイスの定格電流と定格電圧の領域と、主なアプリケーションです。

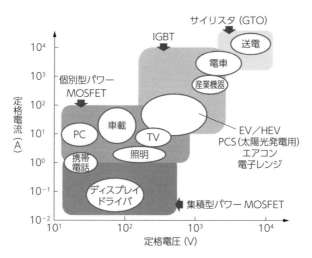

図1-4　各デバイスの定格電圧と定格電流の領域と、主なアプリケーション

1.2 半導体デバイスの基本特性

1.2.1 半導体とは

半導体には不純物を含まない真性半導体と、不純物を含むN型とP型の半導体があります。

N型半導体にはIV族であるシリコン (Si) 基板の場合、V族のリン (P)、ヒ素 (As)、アンチモン (Sb) などの不純物 (ドナー) が含まれており、P型半導体にはIII族のボロン (B) の不純物 (アクセプタ) が含まれています。図1-5にそれらのエネルギーバンドを示します。

真性半導体では、価電子帯にある電子が価電子帯に正孔を残して伝導帯に熱励起し、正孔と電子が同数 (単位体積当たりに換算したものが真性キャリア密度 n_i) になります。この場合、電子の存在確率が半分になるエネルギーレベル (エネルギー準位) を表すフェルミ準位 (Fermi level) E_F は禁止帯のほぼ中央 (真性フェルミ準位 E_i) にあります。

N型半導体では、伝導帯端 E_C 近くの禁止帯中にあるドナー準位 E_d の電子が伝導帯に熱励起し、伝導に寄与します。この場合の E_F は E_i より高くなります。

P型半導体では、価電子帯にある電子が熱励起により価電子帯端 E_V 近くの禁止帯中にあるアクセプタ準位 E_a に捕獲されます。このとき、価電子帯中に発生した正孔が伝導に寄与します。この場合の E_F は E_i より低くなります。

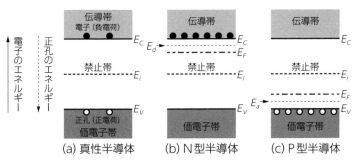

図1-5　半導体のエネルギーバンド

1.2.2　半導体の伝導特性

半導体中の伝導は、電界によるドリフト成分とキャリアの密度勾配による拡散成分からなります。これらの成分を合わせた電子電流密度J_nと正孔電流密度J_pは、以下になります。

$$J_n = qn\mu_n E + qD_n \frac{dn}{dx} \quad (1.1式)$$

$$J_p = qp\mu_p E - qD_p \frac{dp}{dx} \quad (1.2式)$$

ここで、qは電子の電荷の大きさ、nは電子密度、pは正孔密度、μ_nは電子の移動度、μ_pは正孔の移動度、D_nは電子の拡散係数、D_pは正孔の拡散係数、Eは電界です。

上の各式の右辺第1項がドリフト成分、第2項が拡散成分になります。全電流密度JはJ_nとJ_pの和になります。また、上の各式に

アインシュタイン (Einstein) の関係式 (電子の場合 $D_n = \mu_n kT/q$、正孔の場合 $D_p = \mu_p kT/q$：kはボルツマン (Boltzmann) 定数、Tは絶対温度) を使うと以下のように変形できます。

$$J_n = n\mu_n \frac{dE_{Fn}}{dx} \qquad (1.3式)$$

$$J_p = p\mu_p \frac{dE_{Fp}}{dx} \qquad (1.4式)$$

ここで、E_{Fn}は電子の擬フェルミ準位、E_{Fp}は正孔の擬フェルミ準位です。擬フェルミ準位は、PN接合にバイアスがかかり熱平衡でない状態でのフェルミ準位です。電流密度は、キャリア密度、移動度、および擬フェルミ準位の勾配の積でも表されます。

半導体中の伝導には、少数キャリアの振る舞いが重要です。少数キャリアには発生と再結合があり、それらを含めたキャリア密度の時間変化は電流連続の式で表されます。電子密度の時間変化率 $\partial n/\partial t$と正孔密度の時間変化率 $\partial p/\partial t$は、以下になります。

$$\begin{aligned}\frac{\partial n}{\partial t} &= \frac{1}{q}\frac{\partial J_n}{\partial x} - \frac{n-n_0}{\tau_n} \\ &= n\mu_n \frac{\partial E}{\partial x} + \mu_n E \frac{\partial n}{\partial x} + D_n \frac{\partial^2 n}{\partial x^2} - \frac{n-n_0}{\tau_n} \quad (1.5式)\end{aligned}$$

$$\begin{aligned}\frac{\partial p}{\partial t} &= -\frac{1}{q}\frac{\partial J_p}{\partial x} - \frac{p-p_0}{\tau_p} \\ &= -p\mu_p \frac{\partial E}{\partial x} - \mu_p E \frac{\partial p}{\partial x} + D_p \frac{\partial^2 p}{\partial x^2} - \frac{p-p_0}{\tau_p} \\ & \qquad\qquad\qquad\qquad\qquad\qquad (1.6式)\end{aligned}$$

ここで、τ_nは電子のライフタイム

($\tau_n \equiv (n - n_0) / (R_n - G_n)$：$R_n$は電子の再結合率、$G_n$は電子の発生率)、

τ_pは正孔のライフタイム

($\tau_p \equiv (p - p_0) / (R_p - G_p)$：$R_p$は正孔の再結合率、$G_p$は正孔の発生率)、

n_0は熱平衡状態での電子密度、p_0は熱平衡状態での正孔密度です。

上の各式の最右辺第1項と第2項がドリフト、第3項が拡散、第4項が発生と再結合に関する項です。これらの式を適当な境界条件の下で解くと、電気特性を得ることができます。

1.2.3 バルク抵抗

図1-6に示す直方体の半導体の抵抗Rは、以下になります。

$$R = \frac{1}{qn\mu_B} \frac{a}{bc} = \rho \frac{a}{bc} = R_s \frac{a}{b} \quad (1.7式)$$

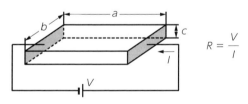

図1-6　直方体の半導体の抵抗

ここで、μ_Bは半導体内のキャリアの移動度、$\rho\,[= 1/(qn\mu_B)]$は抵抗率 (または比抵抗：単位体積当たりの抵抗で単位は例えばΩcm、抵抗率の逆数が伝導率σ)、$R_s\,(= \rho/c)$はシート抵抗 (単位面積当たりの抵抗で単位は例えばΩ/□) です。

R は、ρ に電流が流れる方向の半導体の長さ a を掛けその断面積 bc で割ったものです。また、R_s に a を掛けその幅 b で割ったもので R を表すこともできます。ρ は不純物濃度依存性を持ち、不純物濃度の上昇とともに低下します。

パワーデバイスオン時の単位面積当たりの抵抗を特性オン抵抗 $R_{ON,SP}$ といい、以下で表すことができます（図1-7参照）。

$$R_{ON,SP} = R_{cell} A \qquad (1.8式)$$

ここで、R_{cell} はパワーデバイスオン時の1セル当たりの全抵抗、A はそのセルの面積です。単位面積当たり $1/A$ 個のセルが並列接続されるため、上記の式になります。

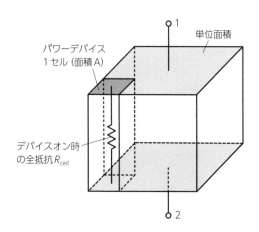

図1-7　特性オン抵抗（1—2間の抵抗）

1.2.4 PN接合ダイオード

P型とN型半導体を接合し、それぞれの半導体に端子をつけたデバイスを一般にPN接合ダイオードと呼びます。このダイオードの特性について以下に説明します。

(1) ビルトイン電位

P型とN型半導体を接合すると、N型半導体中の電子が拡散によりP型半導体中へ流れ (P型半導体中の正孔が拡散によりN型半導体中へ流れることと同じ)、熱平衡状態 (PN接合にバイアスを印加していない状態) ではP型とN型のE_Fが一致します (図1-8を参照)。

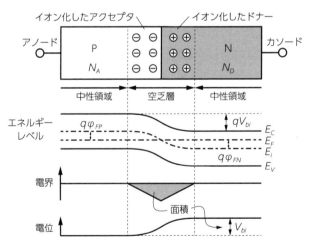

図1-8　PN接合のエネルギーバンドと電位 (熱平衡状態)

その結果、PN接合箇所にイオン化したドナーとアクセプタにより空乏層が形成され、その内部に電界が発生します。空乏層内のN領域側に発生する正電荷量とP領域側に発生する負電荷量は等しく、電界のピークは接合箇所になります。この電界により発生するビルトイン電位 (または拡散電位) V_{bi} は以下になります。

$$V_{bi} = \varphi_{FP} - \varphi_{FN} \qquad (1.9式)$$

ここで、φ_{FP} はP領域のフェルミ電位 (Fermi potential) で以下になります。

$$\varphi_{FP} = \frac{kT}{q} \ln\left(\frac{N_A}{n_i}\right) \qquad (1.10式)$$

N_A はアクセプタ濃度です。また、φ_{FN} はN領域のフェルミ電位で以下になります。

$$\varphi_{FN} = -\frac{kT}{q} \ln\left(\frac{N_D}{n_i}\right) \qquad (1.11式)$$

N_D はドナー濃度です。V_{bi} はSiで0.7V程度、4H-SiCで3V程度になります。

(2) 電流電圧特性

PN接合の電流は少数キャリアの拡散に起因して流れます。その電流密度 J と印加電圧 V_a の関係は、以下で表されます。

$$J = q\left(\frac{D_n n_{p0}}{L_n} + \frac{D_p p_{n0}}{L_p}\right)[\exp(qV_a/kT) - 1] \quad (1.12\text{式})$$

ここで、L_nは電子の拡散長、L_pは正孔の拡散長、n_{p0}はP型半導体中の熱平衡の電子密度、p_{n0}はN型半導体中の熱平衡の正孔密度です。この式は、PとNの各領域の長さが、各少数キャリアの拡散長より十分に長い場合に成り立ちます。

順方向バイアス$V_a > 0$を印加した場合、V_aがV_{bi}以下の領域ではJは$\exp(qV_a/kT)$に依存して変化します。V_aがV_{bi}を超えてさらに大きくなると、P型とN型半導体の抵抗値できまる電流が流れます。このJ-V_a特性を図1-9に示します。

J-V_a特性の直線領域を外挿した線が$J = 0$と交差するV_aをV_F(立ち上がり電圧)と呼びます。

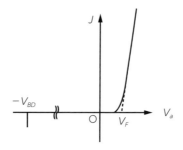

図1-9　PN接合ダイオードの電流電圧特性

逆方向バイアス$V_a < 0$を印加した場合、Jは飽和してきて以下の飽和電流密度J_sで近似されます。

$$J_s = -q\left(\frac{D_n n_{p0}}{L_n} + \frac{D_p p_{n0}}{L_p}\right) \qquad (1.13式)$$

この飽和電流は、空乏層端から中性領域内 (実効的に少数キャリアの拡散長の範囲内) の少数キャリアが拡散して空乏層内に流れ込んでくる電流に起因します。逆方向バイアスが大きくなると、PN接合はブレークダウンを起こします。なお、P^+N接合の場合、(1.12式) と (1.13式) の右辺の$D_n n_{p0}/L_n$の項を、またN^+P接合の場合、$D_p p_{n0}/L_p$の項をそれぞれ無視できます。

(3) 容量

PN接合にバイアスを印加すると空乏層電荷がそれに応じて変化するので、容量が形成されます。この単位面積当たりの空乏層容量C_Dは、以下になります。

$$C_D = \frac{\varepsilon_s}{W_D} \qquad (1.14式)$$

ここで、ε_sは半導体の誘電率、W_Dは空乏層幅です。

PN接合に順方向電流を流すと、過剰な少数キャリアがそれぞれの半導体中に蓄積します。この電荷量は電流値に依存して溜まるので、容量が存在することと等価になり、これを拡散容量と呼びます。PN接合ダイオードに順方向 (オン) から逆方向 (オフ) にバイアスを印加した場合、拡散容量に溜まった電荷が完全に掃き出されるまでPN接合ダイオードは導通しており、完全にオフするまで (逆回復) に時間を要します。

1.2.5　耐圧と特性オン抵抗

P$^+$N階段接合のブレークダウン電圧（耐圧）V_{BD}は、不純物濃度の低い側のN_Dに依存して、Siの場合、以下で近似されます。

$$V_{BD} = 5.34 \times 10^{13} N_D^{-3/4} \quad (1.15\text{式})$$

V_{BD}の単位はV、N_Dの単位はcm^{-3}です。ブレークダウン発生時点の空乏層幅$W_{D,BV}$とピーク電界（臨界電界）E_{CR}は以下で近似されます。

$$W_{D,BV} = 2.67 \times 10^{10} N_D^{-7/8} \quad (1.16\text{式})$$
$$E_{CR} = 4.01 \times 10^{3} N_D^{1/8} \quad (1.17\text{式})$$

$W_{D,BV}$の単位はcm、E_{CR}の単位はV/cmです。N$^+$P階段接合の場合、N_DをN_Aに替えれば、（1.15式）、（1.16式）および（1.17式）をそのまま使えます。また、これらの式はユニポーラデバイス（電子または正孔が伝導に寄与）であるショットキーバリアダイオードにも適用されます。

これらの式を使って、図1-10に示す理想ダイオード（$V_F = 0$、N-ドリフト領域の長さは$W_{D,BV}$、N-ドリフト領域以外の抵抗はゼロ、電子が伝導に寄与）の特性オン抵抗$R_{ON,SP\,(ideal)}$とV_{BD}との関係を求めてみます。

V_{BD}に対応したN_Dを（1.15式）式から求め、そのN_Dを使って（1.16式）から$W_{D,BV}$を求めます。N_Dに対応する$\rho(N_D)$を求めると、$R_{ON,SP\,(ideal)}$は$\rho(N_D)\,W_{D,BV}$になります。

また、この理想ダイオードの$R_{ON,SP(ideal)}$とV_{BD}との関係は以下でも表されます。

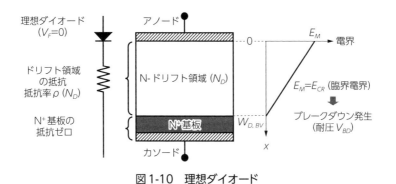

図1-10　理想ダイオード

$$R_{ON,SP(ideal)} = \frac{4V_{BD}^2}{\in_S \mu_n E_{CR}^3} \qquad (1.18\text{式})$$

(1.18式)から、同じV_{BD}を得るのにE_{CR}の高い半導体を使えば、$R_{ON,SP(ideal)}$を下げることが可能です。例えば、4H-SiCのE_{CR}はSiより約1桁高いので、4H-SiCの$R_{ON,SP(ideal)}$は、およそ3桁Siのものより低くなります（ここで、Siと4H-SiCの比誘電率はそれぞれ11.7と9.7、μ_nは室温でN_Dが十分低い場合、それぞれほぼ1360と1140 cm² (Vs)⁻¹で一定です）。

さらに、(1.15式)と(1.17式)を(1.18式)に用いると、$R_{ON,SP(ideal)}$はV_{BD}を用いて表され、以下を得ます。

$$R_{ON,SP(ideal)} = 5.93 \times 10^{-9} V_{BD}^{2.5} \qquad (1.19\text{式})$$

ここで、$R_{ON,SP(ideal)}$ の単位は $\Omega\,cm^2$、V_{BD} の単位は V です。(1.19 式) で得られる $R_{ON,SP(ideal)}$-V_{BD} 特性が Si デバイスで得られる理論限界 (Si リミット) になります。

1.2.6 再結合ライフタイム

熱平衡状態にある半導体では、電子正孔対の発生と再結合のバランスがとれています。

今、外部刺激 (電圧印加または光照射) により半導体中にキャリアが過剰となった状態で外部刺激が除去されると、過剰キャリアは再結合します。

この過程には、図 1-11 に示すように (a) バンド間直接再結合、(b) SRH (Shockley Read Hall) 再結合、(c) オージェ (Auger) 再結合があります。

Si では、(a) のバンド間直接再結合は重要ではなく、(b) の再結合中心を介した SRH 再結合が重要になります。(c) のオージェ再結合は、高ドープ領域およびバイポーラパワーデバイスのドリフト領域へ非常に高レベルの注入がある場合 (例えば、サージ電流が流れている場合) の少数キャリアのライフタイム決定で重要になります。

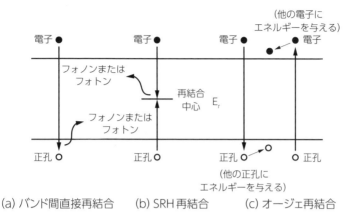

(a) バンド間直接再結合　　(b) SRH再結合　　(c) オージェ再結合

図1-11　過剰キャリアの再結合過程

(1) SRH再結合

シリコンパワーデバイスでは通常N型領域での再結合が重要になりますから、ここではN型を考えます。P型の場合でも同様の考え方を適用できます。N型シリコン（熱平衡状態の電子密度n_0）へ過剰な電子（過剰電子密度δn）が注入された場合のライフタイムτは、高濃度N型領域の少数キャリアライフタイムτ_{p0}で規格化すると以下になります。

$$\frac{\tau}{\tau_{p0}} = \left[1 + \frac{1}{(1+\eta)} e^{(E_r - E_F)/kT} \right]$$
$$+ \zeta \left[\frac{\eta}{(1+\eta)} + \frac{1}{(1+\eta)} e^{(2E_i - E_r - E_F)/kT} \right] \quad (1.20式)$$

ここで、ηは$\delta n/n_0$、E_rは再結合準位、ζはτ_{n0}/τ_{p0}です。τ_{n0}は高濃度P型領域の少数キャリアライフタイムです。

τ/τ_{p0} の η 依存性の例を図1-12に示します。

低レベル注入 ($\eta = \delta n/n_0 \ll 1$) のライフタイム（低レベルライフタイム）$\tau_{LL}$ はキャリア注入密度に無関係になり、E_r（価電子帯端からのエネルギー）と ζ に関係します。τ_{LL} は、E_r が禁止帯の中心位置 (0.555eV) で最も低くなります。

これは、E_r がその中心位置より下にあると電子の捕獲確率が低下し、また、E_r がその中心位置より上にあると正孔の捕獲確率が低下するからです。

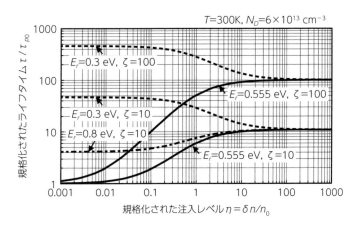

図1-12 キャリアライフタイムの注入レベル依存性の例

高レベル注入 ($\eta \gg 1$) のライフタイム（高レベルライフタイム）τ_{HL} は E_r には依存しなく、ζ に依存して一定値になります。つまり、τ は注入レベルの増大とともに E_r に依存して上昇または下降します。

パワーバイポーラデバイス (PiNダイオードやIGBTなど) では、η の増大とともに τ が大きくなるようにライフタイム制御をすると

オン時の電圧降下を低下させることができるだけではなく、ターンオフ期間を短くできます。すなわち、τ_{HL}/τ_{LL}が大きくなるようにE_rとζの組み合わせを選んでライフタイム制御をすることが必要です。

表1-1にシリコン内のライフタイムキラー（不純物）による主要E_rとζを参考までに示します。

表1-1　シリコン内のライフタイムキラーによる主要E_rとζ

ライフタイムキラー	E_r (eV)	ζ
金 (Au)	0.56	69.7
白金 (Pt)	0.42	69.8
電子照射	0.71	4.42

(2) 空間電荷発生ライフタイム

パワーデバイスをブロッキングモードで動作させた場合のリーク電流には、(a) 空乏層端から中性領域内（実効的に少数キャリアの拡散長の範囲内）の少数キャリアによる拡散電流と、(b) 空乏層内の発生電流があります。室温では、(b) の発生電流が主ですが、高温では、(a) の拡散電流が (b) の発生電流と同等レベルになります。

空乏層内の発生電流（空間電荷発生電流I_{SC}）は、以下の式で与えられます。

$$I_{SC} = qAW_D \frac{n_i}{\tau_{SC}} \quad (1.21\text{式})$$

ここで、A は PN 接合の面積、W_D は空乏層幅、τ_{SC} は空間電荷発生ライフタイムで、τ_{LL} と同様に E_r と ζ に依存します。I_{SC} を抑えるには、τ_{SC} を大きくしなければならず、このためには E_r を禁止帯の中心位置から離す必要があります。ところが、そうすると τ_{LL} も大きくなるので、τ_{SC}/τ_{LL} が大きくなるように E_r と ζ の組み合わせを選んでライフタイム制御をすることが必要です。

1.3 ショットキーバリアダイオード

ショットキーバリアダイオード (SBD：Schottky Barrier Diode) は、ショットキーダイオードとも呼ばれ、一般に電源部二次側での整流用に使われます。

SBD は、ユニポーラデバイスであるため、オンからオフに切り替わるときに PN 接合ダイオードのように、デバイス内から少数キャリアを掃き出す必要がなく、スイッチングが高速になります。また、順方向電圧降下が PN 接合ダイードに比べて低い利点があります。

しかし、高耐圧化したデバイスではドリフト層の抵抗が高くなるため、高電圧では使えません。Si の SBD では、一般に 100V 程度以下での使用になります。しかしながら、SiC では、主に FWD (Free Wheeling Diode) への使用を考えて、3300V クラスの SBD が試作されています。

1.3.1　構造

SBDは、金属と半導体との接触で形成されるエネルギー障壁（ショットキー障壁）を利用して、整流動作を行います。図1-13にSBD（N型半導体を使用）の構造と等価回路を示します。

また、図1-14に金属とN型半導体の接触前のエネルギーバンドを示します。

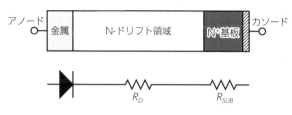

図1-13　SBDの構造と等価回路

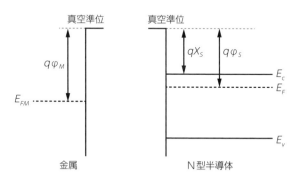

図1-14　金属とN型半導体の接触前のエネルギーバンド

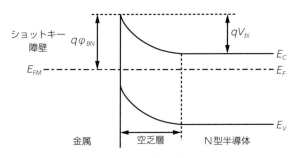

図1-15　SBDのエネルギーバンド（熱平衡状態）

ここでは、金属の仕事関数（真空準位と金属のフェルミ準位E_{FM}の差）$q\varphi_M$がN型半導体の仕事関数（真空準位とN型半導体のフェルミ準位E_Fの差）$q\varphi_S$より大きくなっています。

つまり、E_FがE_{FM}より高くなっています。これらを接触すると、N型半導体中の電子が金属に移動して金属中に負電荷、半導体中に正電荷を発生して、E_FとE_{FM}が一致して熱平衡状態になります（図1-15を参照）。

このとき、金属とN型半導体との接触面に以下のエネルギー障壁$q\varphi_{BN}$が発生します。

$$q\varphi_{BN} = q\varphi_M - qX_s \qquad (1.22式)$$

ここで、qX_sは電子親和力（真空準位とE_cとの差）です。N型半導体中には、以下のビルトイン電位V_{bi}が発生し、空乏層にかかります。

$$qV_{bi} = q\varphi_M - q\varphi_S = E_F - E_{FM} \qquad (1.23式)$$

このqV_{bi}を使うと、$q\varphi_{BN}$は以下でも表されます。

$$q\varphi_{BN} = qV_{bi} + (E_C - E_F) \qquad (1.24式)$$

1.3.2 電流電圧特性

ショットキー障壁を横切る電流は、障壁を超える熱電子 (熱電子放出) によるもので、その電流密度Jは以下になります。

$$J = A_R T^2 e^{-(q\varphi_{BN}/kT)} [e^{(qV_{as}/kT)} - 1] \qquad (1.25式)$$

ここで、A_Rは実効リチャードソン (Richardson) 定数でN型Siの場合、110A/cm^2/K^2、V_{as}は障壁にかかる電圧です。

(1) 順方向の電流特性

SBDに順方向バイアスV_{FS} ($V_{FS} = V_{as} > 0$) を印加した場合、図1-16のようにN型半導体側の障壁高さがqV_{FS}だけ低くなり、ショットキー障壁を超える電子が金属側に流れます。順方向電流密度J_Fは以下で近似されます。

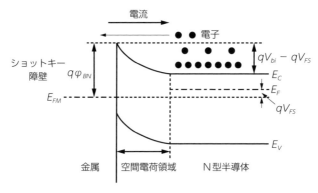

図1-16　順方向バイアス印加時のキャリアの流れ

$$J_F = A_R T^2 e^{-(q\varphi_{BN}/kT)} e^{(qV_{FS}/kT)} \quad (1.26式)$$

（1.26式）を用いると、アノードとカソード間の順方向電圧 V_{FSAK} は以下になります。

$$V_{FSAK} = \frac{kT}{q} \ln\left(\frac{J_F}{J_S}\right) + (R_{SUB} + R_D) J_F \quad (1.27式)$$

ここで、R_{SUB} は N^+ 基板の単位面積当たりの抵抗、R_D は N-ドリフト領域の単位面積当たりの抵抗、J_S は以下で表される飽和電流密度です。

$$J_S = A_R T^2 e^{-(q\varphi_{BN}/kT)} \quad (1.28式)$$

（1.28式）から、J_S は温度上昇とともに増大し、φ_{BN} の上昇とともに低下します。

(1.26式) から J_F が一定の下では、V_{FS} は温度の上昇により低下しますが、φ_{BN} の上昇に伴い増加します。また、高耐圧化すると、(1.27式) の R_D が大きくなり、V_{FSAK} が増大します。

(2) 逆方向の電流特性

逆方向バイアス V_R ($V_R = V_{as} < 0$) 印加時の電流密度 J_L (リーク電流密度) は、基本的には (1.28式) の符号を変えた形 ($-J_S$) になります。

しかし、N型半導体中の電子が金属によって鏡像力を受けるため、ショットキー障壁の低下 $\Delta q\varphi_{BN}$ が発生します (図1-17を参照)。$\Delta\varphi_{BN}$ は以下で表されます。

$$\Delta\varphi_{BN} = \sqrt{\frac{qE_m}{4\pi\varepsilon_s}} \qquad (1.29式)$$

ここで、最大電界 E_m は以下になります。

$$E_m = \sqrt{\frac{2qN_D}{\varepsilon_s}(V_{bi} + |V_R|)} \qquad (1.30式)$$

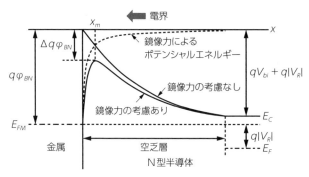

図1-17　鏡像力によるショットキー障壁の低下

$\Delta\varphi_{BN}$ は $|V_R|$ の増大とともに大きくなり、J_L が増大します。また、J_L には高電界で発生するインパクトイオン化による電流が加わります。

J_L を抑えるには、φ_{BN} を上げることが必要ですが、φ_{BN} の上昇に伴い一定の J_F を流した場合の V_{FS} が大きくなるため、φ_{BN} を調整して J_L と V_{FS} のトレードオフ関係を最適化する必要があります。

(3) 電力損失

SBDが50%の時比率（1周期の中でオンしている時間の割合）でオン・オフ（オン時の J_F は一定）を繰り返している場合の電力損失密度 P_D の温度 T 依存性を図1-18に示します。

P_D は、低い温度の領域では温度の上昇とともに低下しますが、高い温度の領域では上昇に転じ、P_D に最小値が存在します。低い温度領域では、温度上昇に伴う V_{FS} の低下が P_D を低下させますが、高い温度領域では、温度上昇に伴うリーク電流の増大が顕著になり、P_D は上昇します。

P_D の上昇時に熱の放散が十分でなくなると熱暴走が起こり破壊に繋がります。

熱暴走を防ぐには、φ_{BN} を高くしてリーク電流を抑えることが有効です。φ_{BN} が高くなると P_D の最小値が上昇しますが、その最小値の位置は温度の高い方にシフトし、熱暴走が発生する温度を上げることができます。

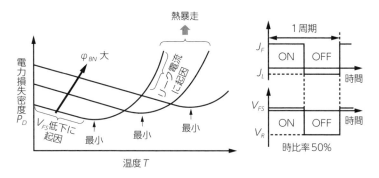

図1-18　SBDの電力損失密度の温度依存性

1.3.3　JBS（Junction Barrier Controlled Schottky）ダイオード

SBDの改良型であるJBSダイオードの構造を図1-19に示します。

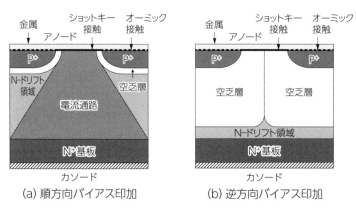

図1-19　JBSダイオードの構造（順と逆方向バイアス印加時の状態）

このダイオードは、ショットキー障壁の一部にP⁺層（金属とオーミック（抵抗性）接触）を設け、逆方向バイアス時にP⁺層からN-ド

リフト内に広がる空乏層でショットキー障壁を覆う構造になっています。これにより、逆方向バイアス時のφ_{BN}の低下を抑制できるため、リーク電流を低減でき、熱暴走の対策にもなります。順方向電流は、ショットキー障壁から流れます。したがって、同じ電流密度で電流を流した場合、P^+領域のないSBDに比べて、JBSダイオードの電圧降下は大きくなります。

順方向電圧が高くなるとPN接合ダイオードの特性が重畳され、ユニポーラからバイポーラデバイスに変わり、SBDの利点を損ねることになるため要注意です。

1.4 PiNダイオード

PiNダイオードはバイポーラデバイス（電子と正孔が伝導に寄与）であり、FWD (Free Wheeling Diode) またはFRD (Fast Recovery Diode) として、例えば、IGBTに並列に用いられ、IGBTのターンオフ時に還流電流を流すために使われます。

PiNダイオードはSBDより耐圧の高い領域（Siでおよそ100〜6500V）でもオン時の電圧降下V_{ON}を低くできます（1〜2V程度）。しかし、耐圧の低い領域（例えば100V以下）では、PiNダイオードのV_{ON}はSBDのものより高くなります。また、PiNダイオードのオン・オフはSBDほど高速ではありません。

1.4.1 構造

図1-20にPiNダイオードの構造と等価回路を示します。

ドリフト領域であるi領域は不純物のない真性領域ではなく、実際には低濃度のN領域で形成されています。このデバイスは低濃度N領域で高耐圧化でき、オン時にはこの領域に過剰キャリアを注入して伝導度変調を起こして低オン電圧化を図れます。

しかしながら、オンからオフに切り換えたときにその領域からキャリアを掃き出さねばならず、そのための時間(逆回復時間)が発生します。

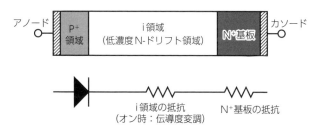

図1-20　PiNダイオードの構造と等価回路

1.4.2 電流電圧特性

(1) 順方向特性

PiNダイオードに順方向バイアスを印加し、P⁺領域から低濃度N-ドリフト領域へドナー濃度N_Dより高い正孔の注入(高レベル注入)がある場合のPiNダイオード内のキャリアと電位の分布を図1-21に示します。

低濃度N-ドリフト領域内では、電子と正孔の密度が等しく電荷中性状態になり、電子と正孔が一緒になって拡散する両極性拡散が起こります。また、キャリア密度がN_Dより高いため、伝導度が上昇（伝導度変調）します。オン電圧V_{ON}は以下の3成分からなります。

$$V_{ON} = V_{P+} + V_M + V_{N+} \quad (1.31式)$$

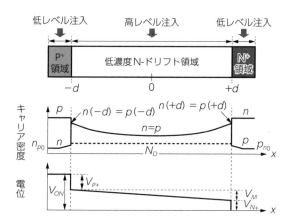

図1-21　高レベル注入時のPiNダイオード内のキャリアと電位の分布

　ここで、V_{P+}はP$^+$/N接合を横切る電圧で、以下で与えられます。

$$V_{P+} = \frac{kT}{q}\ln\left[\frac{p(-d)N_D}{n_i^2}\right] \quad (1.32式)$$

$p(-d)$ はP$^+$側の低濃度N-ドリフト端の正孔密度です。V_{N+}は N$^+$/N界面を横切る電圧で、以下で与えられます。

$$V_{N+} = \frac{kT}{q} \ln\left[\frac{n(+d)}{N_D}\right] \quad (1.33\text{式})$$

$n(+d)$ はN$^+$側の低濃度N-ドリフト端の電子密度です。V_Mは N-ドリフト領域の電圧降下で、$d/L_a \leq 2$の場合以下になります。

$$V_M = \frac{2kT}{q}\left(\frac{d}{L_a}\right)^2 \quad (1.34\text{式})$$

また、$d/L_a > 2$の場合以下になります。

$$V_M = \frac{3\pi kT}{8q} e^{(d/L_a)} \quad (1.35\text{式})$$

ここで、dはドリフト長の半分の長さ、L_aは両極性拡散長で、以下で表されます。

$$L_a = \sqrt{D_a \tau_{HL}} \quad (1.36\text{式})$$

D_aは両極性拡散係数で以下になります。

$$D_a = \frac{2D_n D_p}{D_n + D_p} \quad (1.37\text{式})$$

(1.34式) と (1.35式) から、V_Mはd/L_aに依存し、電流密度に依存しません。

これは、電流密度の増大に比例してキャリア密度が増大し、伝導度が上昇（伝導度変調）するためです。電流密度すなわちキャリア密度が上昇すると、(1.32式) と (1.33式) から、V_{P+} と V_{N+} が増大します。

高レベル注入時の電流密度 J と V_{ON} の関係は以下になります。

$$J = \frac{2qD_a n_i}{d} F\left(\frac{d}{L_a}\right) e^{(qV_{ON}/2kT)} \qquad (1.38\text{式})$$

ここで、$F(d/L_a)$ は以下で表されます。

$$F\left(\frac{d}{L_a}\right) = \frac{(d/L_a)\tanh(d/L_a)}{\sqrt{1-0.25\tanh^4(d/L_a)}} e^{-qV_M/2kT} \qquad (1.39\text{式})$$

(1.38式) から、J を固定して $F(d/L_a)$ を大きくすると、V_{ON} を低くできます。$F(d/L_a)$ は $d/L_a = 1$ で最大になるので、L_a をドリフト長の半分に調整すると、V_{ON} を低くできます。

(2) 逆方向リーク電流

PiNダイオードに逆方向バイアスを印加すると、リーク電流が発生します。図1-22にリーク電流の発生の様子を示します。

リーク電流密度 J_L は3成分からなり、以下になります。

$$J_L = \frac{qD_n n_i^2}{L_n N_A} + \frac{qW_D n_i}{\tau_{SC}} + \frac{qD_p n_i^2}{L_p N_D} \qquad (1.40\text{式})$$

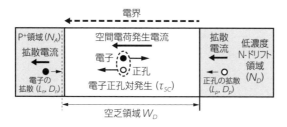

図1-22　逆方向リーク電流要因

(1.40式) 右辺の第1項はP⁺領域から空乏領域への電子の拡散電流密度、第2項は空乏領域内での空間電荷発生電流密度、第3項は低濃度N-ドリフト領域から空乏領域への正孔の拡散電流密度です。

これらは温度の上昇とともに増加しますが、実際の使用温度範囲では、空間電荷発生電流密度が支配的になります。

1.4.3　オン・オフ特性

(1) フォワードリカバリ (順回復) 特性

PiNダイオードをオフからオンにしたとき、順方向電流密度の上昇率 $dj_F(t)/dt$ が大きいほど、より大きなオーバーシュートが順方向電圧 V_{FP} に発生します (図1-23を参照)。

これは、V_{FP} 印加直後、低濃度N-ドリフト領域は高抵抗の状態にありますが、時間が経過するにつれ、その領域全体が伝導度変調を起こし低抵抗化するからです。

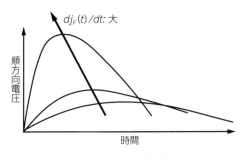

図1-23　順回復特性

(2) リバースリカバリ (逆回復) 特性

PiNダイオードをオンからオフにしたとき、PiNダイオード内のキャリアを掃き出す (逆回復) 期間が発生します。

誘導負荷の場合を取りあげ、その期間の電流電圧と低濃度N-ドリフト領域内のキャリア分布の時間変化を図1-24と図1-25にそれぞれ示します。

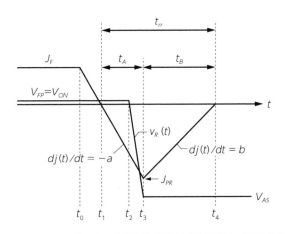

図1-24　PiNダイオード逆回復過程の電流電圧の時間変化

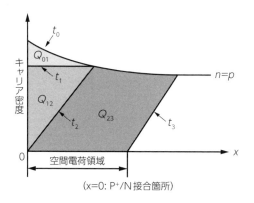

図1-25 　PiNダイオード逆回復過程の低濃度N-ドリフト領域内の
キャリア分布の時間変化 (t_0～t_3は図1-24のものと一致)

　PiNダイオードがオンからオフに切り替わると、順方向電流密度 J_F は、はじめに一定の傾き $-a$ ($= dj(t)/dt$：電流密度の時間微分) で低下し、ピーク逆回復電流密度 J_{PR} に達した後、上昇しゼロになります。

　この過程を詳細に見てみます。
　t_0～t_1 の期間で、電流密度は J_F からゼロになります。この期間で電荷 Q_{01} が排除され、t_1 でキャリア分布はフラットになります。
　t_1～t_2 の期間で電荷 Q_{12} が排除され、t_2 でP$^+$/N接合箇所で電荷はゼロになります。この期間まで、V_{FP} は V_{ON} のままです。
　t_2～t_3 の期間で低濃度N-ドリフト領域内に空間電荷領域が形成され、逆方向電圧 $v_R(t)$ が発生し、t_3 でPiNダイオードのアノードへの供給電圧 V_{AS} に到達します。この期間で、電荷 Q_{23} が排除されます。この t_1～t_3 までの期間が t_A になります。

その後、$t_3 \sim t_4 (t_B)$ の期間で、空間電荷領域以外の低濃度N-ドリフト領域に残存するキャリアが再結合により消滅します。$t_1 \sim t_4$ までの期間 $(t_A + t_B)$ を逆回復時間 t_{rr} と呼びます。

J_F を同じにした状態で、パラメータ（低濃度N-ドリフト領域内のライフタイム τ、V_{AS}、a）を変えた場合の逆回復過程の様子を図1-26に示します。

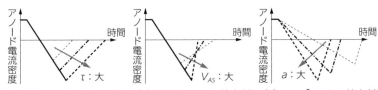

(a) ライフタイムτ依存性　(b) 供給電圧V_{AS}依存性　(c) ランプレートa依存性

図1-26　各パラメータを変えた場合の逆回復特性の様子

τ が大きくなるにつれて、N-ドリフト領域内のキャリア密度が増えるため J_{PR} が大きくなります。また、t_B も大きくなります。V_{AS} が大きくなるにつれて、空間電荷領域が広がり、排除する電荷量が増えるので、J_{PR} が大きくなります。この場合、残存する電荷量が減少するので t_B は小さくなります。a が変わっても、t_A の期間で排除される電荷量は同じなので、a が大きくなるにつれて J_{PR} が大きくなると、t_A が小さくなります。t_B の期間では、逆回復電流は一定の割合で減少するので、t_B は a が大きいほど大きくなります。

t_B の期間の $dj(t)/dt$ である b が大きいと t_B を短くできスイッチング損失を減らせますが、それが大きすぎると、回路内の寄生インダクタンスに過大な電圧が発生し、回路内の各デバイスに悪影響を

与えます。

また、この悪影響に耐えるデバイスを用いると、かえって全体として電力損失が増える可能性があります。したがって、bを大きすぎないようにすること（ソフトリカバリ）が必要です。

1.4.4　MPS (Merged PiN/Schottky) ダイオード

MPSダイオードは、PiNダイオードとSBDを組み合わせた構造になっており、それぞれのダイオードの利点を取り込んでいます（図1-27を参照）。

その構造は基本的にJBSダイオードと同じですが、オン電圧の高い領域でP^+領域からも電流が流れ、SBD動作にPiNダイオードの動作が加わります。したがって、MPSダイオードの順方向電流の立ち上がり電圧はPiNのものより低くなります。

また、MPSダイオードの低濃度N-ドリフト領域内の蓄積電荷量は、PiNダイオードのものより少なくなります。このため、MPSダイオードのJ_{PR}が小さくなり、スイッチング損失が低減します。

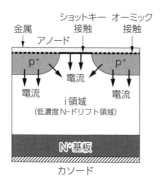

図1-27　MPSダイオードの構造（オン状態）

1.5 パワー MOSFET

　パワー MOSFET は電圧駆動できるユニポーラ型のスイッチングデバイスです。

　パワー MOSFET のスイッチングは高速ですが、高耐圧化すると特性オン抵抗が高くなります。このため、パワー MOSFET は IGBT に比べて低耐圧領域（シリコンデバイスの場合数十Vから700V 程度まで）で使われます。

　600V 品のパワー MOSFET ではスーパージャンクション構造が主流になっていますが、ここでは、基本構造のパワー MOSFET に関して説明します。スーパージャンクション構造に関しては、第2章 2.2.2 を参照してください。

1.5.1 構造

　パワー MOSFET には、個別（ディスクリート）型と集積型があります。図 1-28 にそれらの N チャネル型の断面構造を示します。

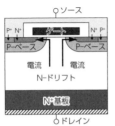
(a) D-MOSFET（縦型）

(b) U-MOSFET（縦型）

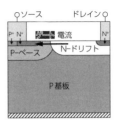
(c) LDMOS（横型）

図 1-28　N チャネル型パワー MOSFET の構造

個別型には、ゲートがプレーナ構造になっているD (Double-Diffused)-MOSFETとゲートがトレンチ構造になっているU-MOSFETがあります。

これらのMOSFETの電流は縦方向（ウェーハ基板内部）に流れるため、縦型とも呼ばれています。縦型を制御・駆動する回路は外付けになります。

集積型には、LDMOS (Lateral Double-Diffused MOSFET) があります。LDMOSでは、電流が半導体表面を横方向に流れるため、横型とも呼ばれます。LDMOSを制御・駆動する回路は同じ半導体チップ上に形成されるため、回路構成が簡単になります。

なお、パワーMOSFETにはPチャネル型もありますが、ここではNチャネル型のみを扱います。

1.5.2 電流電圧特性

(1) MOSFETのしきい値電圧

しきい値電圧 V_{TH} は、MOSFETがオフからオン（またはオンからオフ）に切り替わるときのゲート電圧で、NチャネルMOSFETの場合、以下で表されます。

$$V_{TH} = V_{FB} + 2\varphi_F + \frac{\sqrt{2q\varepsilon_s N_A}}{C_{OX}}\sqrt{2\varphi_F} \qquad (1.41\text{式})$$

ここで、V_{FB} はフラットバンド電圧、φ_F はP基板のフェルミ電位、C_{OX} は単位面積当たりのゲート酸化膜容量です。

右辺第1項の V_{FB} は、ゲートのフェルミ電位 φ_{FG} と φ_F の差（またはゲートと基板の仕事関数差（電位）φ_{MS}）および実効界面電荷（通常正電荷：界面固定電荷に加えてゲート酸化膜中の不動の電荷を界

面固定電荷に換算)によって基板に誘起される電荷を中性にするようにゲートに印加する電圧で、以下で表されます。

$$V_{FB} = \varphi_{MS} - \frac{Q_O}{C_{OX}} = \varphi_{FG} - \varphi_F - \frac{Q_O}{C_{OX}} \quad (1.42式)$$

Q_Oは実効界面電荷密度です。V_{FB}の印加で、基板の不純物濃度が均一であると、基板のエネルギーバンドはフラットになります。

(1.41式) 右辺第2項の$2\varphi_F$は界面から基板中に形成される空乏層にかかる電圧(表面電位)です。

この電圧で基板表面に反転層(チャネル)が形成され、強反転開始の状態になります。この反転層表面の電子密度nは基板の中性領域内の正孔密度p($= N_A$)に等しくなります。

(1.41式) 右辺第3項は、空乏層電荷密度($-\sqrt{2q\varepsilon_s N_A}\sqrt{2\varphi_F}$)によってゲート酸化膜にかかる電圧です。これらの電位バランスの様子を図1-29に示します。

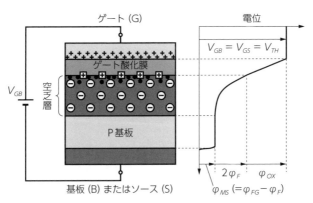

図1-29 ゲートにV_{TH}を印加した場合のゲートと基板間の電位

なお、この図に示してあるゲート酸化膜にかかる電圧 φ_{OX} は、以下になり、

$$\varphi_{OX} = \frac{\sqrt{2q\varepsilon_S N_A}}{C_{OX}}\sqrt{2\varphi_F} - \frac{Q_O}{C_{OX}} \qquad (1.43\text{式})$$

空乏層電荷密度と実効界面電荷密度に起因します。ここでは、反転層電荷密度を無視してあります。

測定で得られる外挿 V_{TH} は、低いドレイン電圧 V_{DS} を印加（例えば0.1V）した状態で得られる、ドレイン電流 I_{DS} 対ゲート電圧 V_{GS} 特性の傾き最大領域を外挿して、$I_{DS} = 0$ になるところの V_{GS} です。外挿 V_{TH} 印加時の反転層は、強反転開始状態より強く反転しているため、外挿 V_{TH} は（1.41式）の V_{TH} より若干高くなります。

(2) MOSFETの電流式

図1-30に示すNチャネルMOSFETの I_{DS}-V_{DS} 特性は図1-31のようになり、線形領域の電流式は以下で表されます。

$$I_{DS} = \mu_{ni} C_{OX} \frac{W_{CH}}{L_{CH}} \left[(V_{GS} - V_{TH}) V_{DS} - \frac{1}{2} V_{DS}^2 \right] \qquad (1.44\text{式})$$

ここで、μ_{ni} は反転層キャリア（電子）の移動度、W_{CH} はチャネル幅、L_{CH} はチャネル長です。飽和領域の電流式は、以下になります。

$$I_{DS} = \frac{1}{2}\mu_{ni} C_{OX} \frac{W_{CH}}{L_{CH}} (V_{GS} - V_{TH})^2 \qquad (1.45\text{式})$$

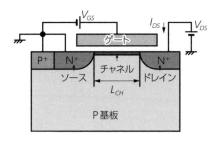

図1-30　NチャネルMOSFET断面

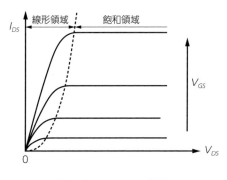

図1-31　I_{DS}-V_{DS}特性

V_{GS}が高く、V_{DS}が十分低い場合（線形領域）のチャネル抵抗R_{CH}は、以下になります。

$$R_{CH} = \frac{L_{CH}}{\mu_{ni} C_{OX} W_{CH} (V_{GS} - V_{TH})} \qquad (1.46式)$$

(3) D-MOSFETの特性オン抵抗

図1-32に示すD-MOSFETの特性オン抵抗$R_{ON,SP}$は、以下になります。

$$R_{ON,SP} = (R_{CS} + R_{N+} + R_{CH} + R_A) A/2 \\ + (R_{JFET} + R_D + R_{SUB} + R_{CD}) A \quad (1.47式)$$

ここで、R_{CS}はソース側のコンタクト抵抗、R_{N+}はソース側N^+層の抵抗、R_Aは蓄積層(N-ドリフト領域表面に蓄積された電子層)の抵抗、R_{JFET}はP-ベース間に形成されるJFETの抵抗、R_DはN-ドリフト領域の抵抗、R_{SUB}は基板抵抗、R_{CD}はドレイン側のコンタクト抵抗、Aは1セルの面積です。

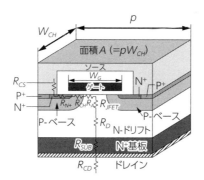

図1-32　D-MOSFET内の抵抗

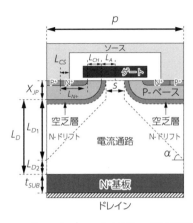

図1-33　D-MOSFETの電流通路

チャネルの特性オン抵抗$R_{CH,SP}$は、(1.46式) と (1.47式) から以下になります。

$$R_{CH,SP} = \frac{R_{CH}}{2}A = \frac{pL_{CH}}{2\mu_{ni}C_{OX}(V_{GS}-V_{TH})} \quad (1.48式)$$

ここで、pは1セルのピッチです。蓄積領域の特性オン抵抗$R_{A,SP}$は、(1.48式) と同様に以下になります。

$$R_{A,sp} = \frac{R_A}{2}A = K_A \frac{pL_A}{2\mu_{nA}C_{OX}(V_{GS}-V_{TH})} \quad (1.49式)$$

ここで、K_Aは電流広がり係数、μ_{nA}は蓄積層の電子の移動度、L_Aは蓄積層の長さです。

N-ドリフト領域を流れる電流通路が図1-33であると仮定すると、N-ドリフト領域の特性オン抵抗$R_{D,SP}$は、以下になります。

$$R_{D,SP} = R_D A = \frac{\rho \rho_D \tan(\alpha)}{2} \ln\left(\frac{p}{s}\right) + \rho_D L_{D2} \qquad (1.50\text{式})$$

ここで、ρ_D はドリフト領域の抵抗率、s は P-ベース間の空乏層を除く間隔、L_{D2} は N^+ 基板上端から電流通路が N-ドリフト領域全体に広がるところまでの距離です。

JFET の特性オン抵抗 $R_{JFET,SP}$ は、以下になります。

$$R_{JFET,SP} = R_{JFET} A = \rho_{JFET} \frac{p X_{JP}}{s} \qquad (1.51\text{式})$$

ここで、ρ_{JFET} は JFET 領域の抵抗率、X_{JP} は P-ベース領域の接合深さです。ソース側コンタクトの特性抵抗 $R_{CS,SP}$ は、以下になります。

$$R_{CS,SP} = \frac{R_{CS}}{2} A = R_{CS,S} \frac{p}{2 L_{CS}} \qquad (1.52\text{式})$$

ここで、$R_{CS,S}$ はソースの単位面積当たりのコンタクト抵抗、L_{CS} はソースのコンタクト長です。ドレイン側コンタクトの特性抵抗 $R_{CD,SP}$ は、以下になります。

$$R_{CD,SP} = R_{CD} A = R_{CD,S} \qquad (1.53\text{式})$$

ここで、$R_{CD,S}$ はドレインの単位面積当たりのコンタクト抵抗です。基板の特性抵抗 $R_{SUB,SP}$ は、以下になります。

$$R_{SUB,SP} = R_{SUB} A = \rho_{SUB} t_{SUB} \qquad (1.54\text{式})$$

ここで、ρ_{SUB}は基板の抵抗率、t_{SUB}はその厚みです。ソース側N⁺層の特性抵抗$R_{N+,sp}$は、以下になります。

$$R_{N+,sp} = \frac{R_{N+}}{2}A = \frac{\rho R_{SN+}L_{N+}}{2} \qquad (1.55式)$$

ここで、R_{SN+}はソース側N⁺層のシート抵抗、L_{N+}はその層の長さです。

これらの特性オン抵抗の各成分のゲート幅W_G依存性の例を耐圧60Vと200Vの場合で図1-34に示します。

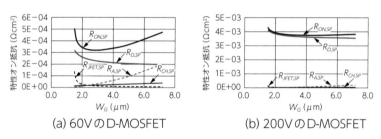

(a) 60VのD-MOSFET　　(b) 200VのD-MOSFET

図1-34　D-MOSFETの特性オン抵抗成分

耐圧60Vの場合、$W_G = 3\mu m$で特性オン抵抗$R_{ON,SP}$は最低値になります。

W_Gが大きくなるにつれて$R_{D,SP}$と$R_{JFET,SP}$は低下しますが、$R_{A,SP}$と$R_{CH,SP}$は増大します。このことによって、最小値が存在します。

耐圧200Vの場合、$R_{ON,SP}$は$W_G = 4.2\ \mu m$で最小値になりますが、その最初値はあまり明確ではありません。これは、$R_{ON,SP}$のほとんどがN-ドリフト領域の抵抗成分からなり、MOSFET領域の抵

抗成分が小さいことによります。

(4) U-MOSFETの特性オン抵抗

図1-35に示すU-MOSFETの特性オン抵抗は、以下になります。

$$R_{ON,SP} = (R_{CS} + R_{N+} + R_{CH} + R_A) A/2$$
$$+ (R_D + R_{SUB} + R_{CD}) A \qquad (1.56式)$$

（1.56式）内の各特性（オン）抵抗は、U-MOSFET内の電流通路が図1-36である場合、D-MOSFETで求めたものと同様に得られます。U-MOSFETにはJFETがないため、U-MOSFETの$R_{ON,SP}$はD-MOSFETのものより小さくなります。

また、U-MOSFETでは基本的にセルピッチが小さくなるほど特性オン抵抗は低くなりますが、加工限界からの制約があります。

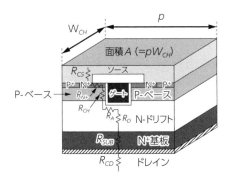

図1-35　U-MOSFET内の抵抗

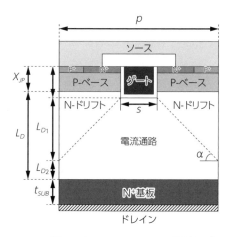

図 1-36　U-MOSFETの電流通路

1.5.3　スイッチング特性

(1) MOSFETの容量とゲート電荷

図 1-37 に D-MOSFETの容量とその等価回路を示します。

D- MOSFETの容量には、ゲート-ソース間 (入力) 容量 C_{GS} (酸化膜容量で一定値)、ドレイン-ソース間 (出力) 容量 C_{DS} (空乏層容量)、ゲート-ドレイン間 (ミラー (Miller)) 容量 C_{GD} (酸化膜と空乏層の直列容量) があります。

これらの容量がスイッチング特性に影響を与えます。なお、U-MOSFETの容量も同様の等価回路になります。

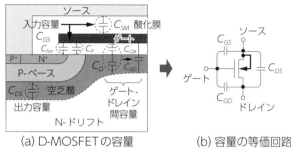

図1-37　D-MOSFETの容量とその等価回路

　ドレインに負荷抵抗を介して電圧V_{DS}を供給できる状態にし、オフ状態 ($V_{GS} = 0$) からゲートに定電流I_Gを印加すると図1-38のターンオン特性が得られます。

　0〜t_1の期間まではMOSFETはオフ状態にありますが、その後オン状態になります。

　t_1〜t_2の期間で、ドレイン電流$i_D(t)$が急上昇して負荷回路で決まる電流値I_{DS}まで到達しますが、ドレイン電圧$v_{DS}(t)$はV_{DS}にあり、ほとんど変わりません。

　0〜t_2の期間では、ゲート電圧$v_{GS}(t)$がゼロから直線で上昇し、C_{GS}とC_{GD}(空乏層が広がっている状態の容量) がゲート-ソース間電荷Q_{GS}を蓄積します。

　t_2〜t_3の期間では、MOSFETはほぼ飽和動作であるため、$v_{GS}(t)$はI_{DS}に対応したゲート電圧V_{GP} (ゲートプラトー電圧) でほぼ一定になります。

　$v_{DS}(t)$はV_{DS}からオン電圧V_{ON}まで下降し、C_{GD}がゲート-ドレイン間電荷Q_{GD}を蓄積します。一方、C_{DS}の電荷は放電されます。

t_1~t_3までにゲートに充電された電荷がゲートスイッチング電荷 Q_{SW} になります。

t_3~t_4の期間では、再度 $v_{GS}(t)$ が直線で上昇し、V_{GS} に到達します。その間、C_{GS} と C_{GD} (空乏層が狭まっている状態の容量) が充電されます。

0~t_4までの期間にゲートに充電された電荷が、全ゲート電荷 Q_G になります。

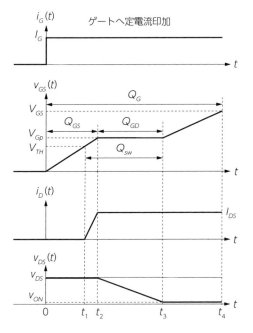

図1-38　ゲートへ定電流印加した場合のターンオン特性

(2) 誘導負荷のスイッチング特性

図1-39に示す誘導負荷を持つパワー MOSFETのゲートに抵抗 R_G を介して電圧を印加した場合のスイッチング特性を調べます。

図1-40 (a) にターンオン特性を示します。

ターンオンの初期条件として、スイッチ S_2 がオン（パワー MOSFETはオフ状態）にあり負荷側のインダクタンスの電流 I_L がフリーホイールダイオード（順方向立ち上がり電圧をゼロと仮定）を介して流れているとします。

スイッチが $t=0$ で S_2 から S_1 に切り替わり、$v_{GS}(t)$ が V_{TH} を超えると I_L がパワー MOSFETのドレインに流れ始めます。

$v_{GS}(t)$ が V_{GP} に達すると、$i_D(t) = I_L$ になり、フリーホイールダイオードはオフし、$v_{DS}(t)$ の下降が始まります。

$v_{DS}(t)$ がオン電圧 $V_{ON}(V_{GP})$ まで低下すると、$v_{DS}(t)$ は V_{GP} から再度上昇し V_{GS} に到達します。このとき、オン電圧はさらに $V_{ON}(V_{GS})$ まで低下します。

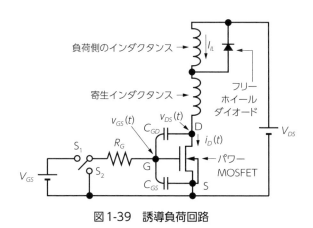

図1-39　誘導負荷回路

図1-40 (b) にターンオフ特性を示します。

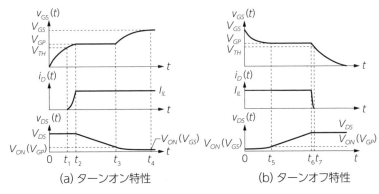

(a) ターンオン特性　　　　(b) ターンオフ特性

図1-40　誘導負荷のスイッチング特性

ターンオフの初期条件として、S_1がオン ($v_{GS}(0) = V_{GS}$)、フリーホイールダイオードがオフで負荷側のインダクタンスの電流がパワーMOSFETに流れている ($i_D(0) = I_{IL}$) とします。スイッチが$t = 0$でS_1からS_2に切り替わると、$v_{GS}(t)$はV_{GP}まで下降します。その間オン電圧は$v_{DS}(V_{GS})$から$v_{DS}(V_{GP})$に若干上昇します。

その後、$v_{GS}(t) = V_{GP}$の状態で$v_{DS}(t)$はV_{DS}まで上昇しますが、$i_D(t)$はI_{IL}で変わりません。$v_{DS}(t_6) = V_{DS}$でフリーホイールダイオードがオンし、パワーMOSFETを流れていた電流がフリーホイールダイオードに流れ始めます。これとともに再度$v_{GS}(t)$の下降が始まり、$i_D(t)$が低下します。

上記では、寄生インダクタンスの影響を無視しましたが、これがある場合、ターンオフ期間に寄生インダクタンスに溜まったエネルギー放出により、$v_{DS}(t)$にオーバーシュートが発生します。

このオーバーシュートを抑えるには、寄生インダクタンスを低減し、R_Gを上げてターンオフ期間の$|di_D(t)/dt|$を下げることが必要ですが、$|di_D(t)/dt|$を下げ過ぎると、ターンオフ期間のエネルギー損失が大きくなるので最適化が必要です。

(3) 電力損失

パワーMOSFETの全電力損失P_Tは、以下で近似されます。

$$P_T \approx f\left[Q_G V_{GS} + \frac{1}{2} I_{IL} V_{DS}(t_3 - t_1) + \frac{1}{2} I_{IL} V_{DS}(t_7 - t_5)\right] + DR_{ON} I_{IL}^2 \qquad (1.57\text{式})$$

ここで、fはスイッチング周波数、Dは時比率、R_{ON}はオン時のパワーMOSFETの抵抗です。

(1.57式)では、ゲートを駆動するエネルギー損失(右辺括弧内第1項)も含まれています。これはR_Gでの1周期当たりのエネルギー損失になります。

右辺括弧内第2項と3項が、ターンオンとターンオフ期間の1周期当たりのエネルギー損失にそれぞれなります。

右辺の最後の項が、オン期間の電力損失になります。ターンオンとターンオフ期間の電力損失は、主にゲートプラトー期間で発生しており、この期間を短縮することがスイッチング損失の低減に繋がります。

1.5.4 LDMOS

(1) LDMOS の特性オン抵抗

LDMOS の特性オン抵抗は図 1-41 から以下になります。

$$R_{on,sp} = [R_{CS} + R_{N+S} + R_{CH} + R_D + R_{N+D} + R_{CD}]A$$

(1.58式)

ここで、R_{N+S} はソース側 N^+ 層の抵抗、R_{N+D} はドレイン側 N^+ 層の抵抗です。

LDMOS の電流通路は縦型の D-MOSFET や U-MOSFET に比べると狭くなるため、LDMOS の特性オン抵抗は縦型のものより一般的に大きくなります。

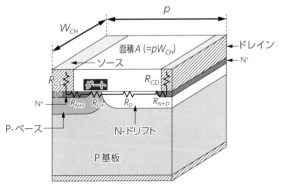

図 1-41　LDMOS の抵抗

(2) 耐圧

LDMOSの耐圧を高く保って特性オン抵抗を下げるために、RESURF (Reduced Surface Field) 構造があります。

この構造では、N-ドリフト層内に広がる空乏層に2次元 (縦と横) 方向から有効に電界がかかり、P-ベース (またはP-ボディ) とN-ドリフト間のPN接合面にできる電界のピークが低減します。

これにより、N-ドリフト層を短くしても耐圧を稼げるため、特性オン抵抗を下げることが可能になります。

詳細は第2章2.2.1を参照してください。

1.6 IGBT

IGBTは電圧駆動できるバイポーラ型のスイッチングデバイスです。オン状態では、ドリフト (ベース) 領域のキャリア密度を上げ、伝導度変調を起こしてオン電圧を下げることができますが、ターンオフ時にそのキャリアを掃き出させねばならず、パワーMOSFETほどの高速スイッチングはできません。耐圧は、低濃度のドリフト領域を利用して、パワーMOSFETのものより高くなります。したがって、パワーMOSFETより大電力のスイッチング動作が可能です。

1.6.1 種類と構造

基本的なNチャネル型IGBT各種の断面を図1-42に示します。

  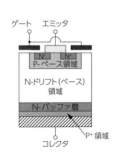

(a) ノンパンチスルー型　(b) パンチスルー型　(c) フィールドストップ型
　　IGBT（対称型）　　　　IGBT（非対称型）　　　IGBT（非対称型）

図1-42　基本的なNチャネル型IGBT各種の断面

　IGBTには、N-ドリフト領域の形状から、①ノンパンチスルー型、②パンチスルー型、③フィールドストップ型があります。

　ノンパンチスルー型のN-ドリフト領域はエミッタ側とコレクタ側で対称になっています。耐圧は、順方向ブロッキング（ゲート電圧ゼロでコレクタに正電圧印加）と逆方向ブロッキング（ゲート電圧ゼロでコレクタに負電圧印加）で基本的に同じになります。

　一方、パンチスルー型とフィールドストップ型のN-ドリフト領域は、コレクタ側にN-ドリフト領域より高濃度のN-バッファ層を持ち、非対称になっています。

　N-バッファ層は、順方向ブロッキング時にN-ドリフト領域内に広がる空乏層を止めることで高耐圧化を図っており、N-ドリフト領域を薄くできます。耐圧は、順方向ブロッキングでは高いですが、逆方向ブロッキングでは極端に低くなります。

また、パンチスルー型のP$^+$コレクタ領域は厚く、高濃度であるため、P$^+$領域からの正孔の注入量が多く、オン電圧を低くできる利点があります。しかし、ターンオフ時間が長くなるので、これを短くするためにライフタイム制御を必要とします。

一方、ノンパンチスルー型とフィールドストップ型のP$^+$コレクタ領域は薄く、濃度は低めになっています。このため、P$^+$領域からの正孔の注入量を抑制できるため、ライフタイム制御を必要とせずにオン電圧とターンオフ時間の最適化を図れます。

オン電圧を低減するために、実際にはMOSFETをプレーナ型からトレンチ型にした構造が採用されています。また、オン電圧を一層低減するために、ドリフト領域内に電荷をより多く蓄積した構造のIEGT (Injection Enhanced IGBT) やCSTBT (Carrier Stored Trench-gate Bipolar Transistor) などが考案され実用化されています。

これらIGBT構造の派生は開発の歴史からたくさんありますが、基本的にドリフト構造の形状から対称型と非対称型に分かれます。また、これらの型の改善として、P$^+$コレクタ領域を薄くかつ低濃度にした構造 (トランスペアレントコレクタまたはトランスペアレントエミッタ) が加わります。

したがって、これらの基本型を取りあげて、以下の節で電気特性を説明します。

また、IGBTにはPチャネル型もありますが、ここではNチャネル型のみを扱います。

1.6.2 電流電圧特性

(1) IGBTの等価回路と出力特性

対称型IGBTの断面と等価回路を図1-43に示します。

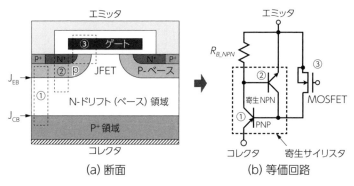

(a) 断面　　　　　　　　(b) 等価回路

図1-43　対称型IGBT断面と等価回路

　MOSFETのゲートへ電圧を印加 (オン状態) して、PNPバイポーラトランジスタのベースへ電流を流すことにより、IGBTは動作します。

　IGBTの内部には寄生のNPNバイポーラトランジスタがあり、PNPバイポーラトランジスタと一緒になって寄生のPNPNサイリスタが形成されます。IGBT動作時にこの寄生PNPNがオンしないように設計する必要があります。

　このためには、寄生NPNバイポーラトランジスタのベース-エミッタ間抵抗R_{B_NPN}を小さくする必要があります。

IGBTの出力特性（コレクタ電流I_C－コレクタ電圧V_{CE}特性）を図1-44に示します。

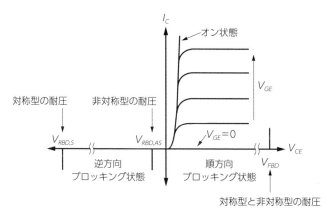

図1-44　IGBTの出力特性

高いゲート電圧V_{GE}を印加すると、MOSFETは線形動作をして、$I_C - V_{CE}$特性はPiNダイオードの特性と同等になります。低いV_{GE}を印加すると、MOSFETは飽和動作をするため、IGBTは飽和特性を示します。

図1-44には、対称型と非対称型IGBTのブロッキング状態での耐圧も示してあります。

この図では、対称型で逆バイアスを印加した場合の耐圧$V_{RBD,S}$が大きくなっています。これは、実際には図1-42 (a)のデバイス周辺（スクライブ領域側）にP^+分離層を設けてあり、逆バイアス印加時にP^+コレクタ-Nドリフト（ベース）間にできる空乏層がスクライブ領域に接触しない構造になっているからです。

これを逆阻止RB (Reverse Blocking) -IGBTと言います。

(2) 耐圧

① 対称型IGBTの耐圧

対称型IGBTの順方向ブロッキング状態での電流と電界分布を図1-45に示します。

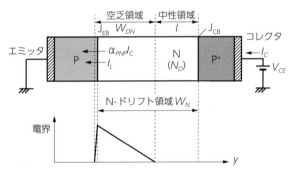

図1-45　対称型IGBTの順方向ブロッキング状態での電流と電界分布

この状態では、空乏領域内の発生電流（リーク電流I_L）がPNPバイポーラトランジスタのベース電流になり、以下の関係が成り立ちます。

$$I_C = \alpha_{PNP} I_C + I_L \qquad (1.59式)$$

これからI_Cは、以下になり、

$$I_C = \frac{I_L}{1 - \alpha_{PNP}} \qquad (1.60式)$$

次式が成り立つとブレークダウンが発生（$I_C = \infty$）します。

$$\alpha_{PNP} = \gamma_E \alpha_T M = 1 \quad (1.61\text{式})$$

ここで、α_{PNP} は PNP バイポーラトランジスタのベース接地電流利得 (P^+ コレクタから注入される正孔がエミッタに到達する割合)、γ_E は注入効率 (P^+ コレクタから N-ドリフト領域への正孔の注入割合)、α_T はベース輸送効率 (または到達率：N-ドリフトの中性領域を通過する正孔の割合)、M はキャリア増倍係数です。α_T は以下で表されます。

$$\alpha_T = \frac{1}{\cosh(l/L_p)} \quad (1.62\text{式})$$

ここで、L_p は N-ドリフト領域の正孔の拡散長、l は中性領域の長さで以下になります。

$$l = W_N - \sqrt{\frac{2\varepsilon_s V_{CE}}{qN_D}} \quad (1.63\text{式})$$

W_N と N_D は N-ドリフト領域の幅とドナー濃度にそれぞれなります。M は以下で表されます。

$$M = \frac{1}{1 - (V_{CE}/V_{BD})^n} \quad (1.64\text{式})$$

ここで、V_{BD} は P^+N 接合のブレークダウン電圧で (1.15式) で表されます。n は P^+N 接合の場合 6 です。

また、ここでの N_D は十分に低いので、$\gamma_E \approx 1$ になります。(1.61式) を満たす V_{CE} が耐圧になります。

対称型IGBTの耐圧を固定した場合のW_NのN_D依存性を図1-46に示します。

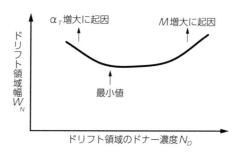

図1-46　対称型IGBTの耐圧を固定した場合のW_NのN_D依存性

図1-46では、N_Dが低くなるにつれてW_Nが上昇します。これは、N_Dの低下に伴い空乏領域幅W_{DN}がV_{CE}の増加に対し広がり易くなるので、lが短くなり（W_Nを固定した場合）、$α_T$が上昇するためです。つまり、耐圧を確保するには、$α_T$の上昇を抑えるように、W_Nを大きくする必要があります。

また、N_Dが高くなるにつれてもW_Nが上昇します。これは、N_Dの上昇に伴い空乏領域内の電界が高くなり、Mが増大するためです。つまり、耐圧を確保するには、Mの増大の影響を抑えるようにW_Nを大きくして、$α_T$を一層低下させる必要があります。この特性から、W_Nが最小となるN_Dがそれぞれの最適値になります。

② 非対称型IGBTの耐圧

非対称型IGBTの順方向ブロッキング状態での電流と電界分布を図1-47に示します。

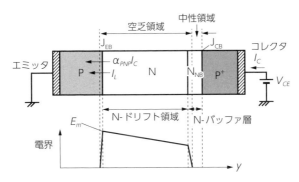

図1-47 非対称型IGBTの順方向ブロッキング状態での電流と電界分布

ブレークダウン発生時には、空乏領域がN-ドリフト領域全体に広がり、パンチスルーが発生しています。

ブレークダウンが発生する条件は（1.60式）と同じになりますが、γ_EはP$^+$コレクタからN-バッファ層への正孔の注入割合、α_TはN-バッファ層の中性領域を通過する正孔の割合になります。

また、（1.64式）右辺のV_{CE}は、図1-47のV_{CE}印加時の最大電界E_mでパンチスルーが発生しない（N-バッファ層がなくN-ドリフト領域のみが広がっている）場合の電圧V_{NPH}になります。

したがって、（1.64式）からV_{NPH}を求め、それに対応するV_{CE}を求めると、耐圧を得ることができます。

図1-48に非対称型IGBT耐圧のN-バッファ層のドナー濃度N_{DNB}依存性を示します。

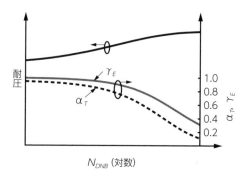

図1-48　非対称型IGBTの耐圧、α_Tおよびγ_EのN_{DNB}依存性

ここでは、α_Tとγ_EのN_{DNB}依存性も載せてあります。

N_{DNB}が増加するにつれ、α_Tとγ_Eが低下するので耐圧は上昇します。すなわち、空乏領域幅に加え、N_{DNB}を制御することによって所望の耐圧を得ることができます。

(3) オン電圧

① 対称型IGBTのオン電圧
（トランスペアレントコレクタでない場合）

まず、N-ドリフト領域のキャリア分布を求めます。定常状態における少数キャリアの連続の式は以下になります。

$$\frac{\partial^2 p}{\partial x^2} - \frac{p}{L_a^2} = 0 \qquad (1.65式)$$

これを以下の境界条件で (1.65式) を解くと p は以下になります。

(a) P^+コレクタとN-ドリフト接合（J_{CB}）の位置（$y = 0$）で $p(0) = p_0$
(b) エミッタ側PとN-ドリフト接合（J_{EB}）の位置（$y = W_N$）で $p(W_N) = 0$

$$p(y) = p_0 \frac{\sinh[(W_N - y)/L_a]}{\sinh(W_N/L_a)} \quad (1.66式)$$

対称型IGBTのコレクタ電流密度を一定にし、τ_{HL}を変えた場合のN-ドリフト領域内の正孔密度分布を図1-49に示します。

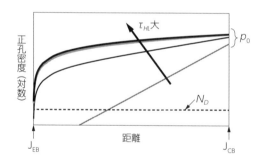

図1-49　対称型IGBTのN-ドリフト領域内の正孔密度分布

τ_{HL} が大きくなると、p_0 が上昇し、正孔がN-ドリフト領域全体に広がって、伝導度変調が起こっている様子がわかります。

オン状態の電圧降下 V_{ON} は、以下になります。

$$V_{ON} = V_{P+N} + V_{NB} + V_{MOSFET} \qquad (1.67式)$$

ここでV_{P+N}は接合J_{CB}における電圧降下、V_{NB}はN-ドリフト領域の電圧降下、V_{MOSFET}はMOSFETでの電圧降下になります。V_{P+N}は以下になります。

$$V_{P+N} = \frac{kT}{q}\ln\left(\frac{p_0 N_D}{n_i^2}\right) \qquad (1.68式)$$

V_{NB}は以下になります。

$$\begin{aligned}V_{NB} =& \frac{L_a J_C \sinh(W_N/L_a)}{qp_0(\mu_n+\mu_p)}\ln\left(\frac{\tanh(W_N/2L_a)}{\tanh(W_{ON}/2L_a)}\right) \\ &+ \frac{kT}{q}\left(\frac{\mu_n-\mu_p}{\mu_n+\mu_p}\right)\ln\left(\frac{\sinh(W_N/L_a)}{\sinh(W_{ON}/L_a)}\right)\end{aligned} \qquad (1.69式)$$

ここで、J_Cはコレクタ電流密度、μ_nは電子の移動度、μ_pは正孔の移動度、W_{ON}は接合J_{EB}における空間電荷領域幅です。

(1.69式)を導出するには、電子と正孔の電流式((1.1式)と(1.2式))を合わせたコレクタ電流密度J_Cに、$n(y)=p(y)$の条件と(1.66式)の$p(y)$を用いて電界$E(y)$を求め、それをN-ドリフトの中性領域全体で積分します。

V_{MOSFET}は、以下になります。

$$V_{MOSFET} = V_{JFET} + V_{ACC} + V_{CH} \qquad (1.70式)$$

ここで、V_{JFET} は JFET の電圧降下、V_{ACC} は蓄積領域の電圧降下、V_{CH} はチャネル領域の電圧降下です。

対称型 IGBT で J_C を一定とした場合のオン状態電圧降下の τ_{HL} 依存性を図 1-50 に示します。

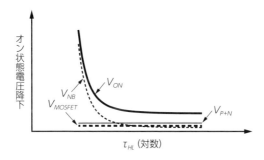

図 1-50　対称型 IGBT のオン状態電圧降下の τ_{HL} 依存性

τ_{HL} が小さくなるにつれて V_{NB} が急増し、それに伴い V_{ON} が上昇します。τ_{HL} が小さくなるとターンオフ時間が短くなり、スイッチングスピードが上がりますが、V_{ON} が大きくなり導通損失が増えます。

② 非対称型 IGBT のオン電圧
　　（トランスペアレントコレクタでない場合）

非対称型 IGBT の N- バッファ層のドナー濃度 N_{DNB} が低く、接合 J_{CB} からその層へ一定の J_C の高レベル注入がある場合、N- バッファ層を含めた N- ドリフト領域内の正孔密度分布の τ_{HL} 依存性を図 1-51 に示します。

この依存性は、図1-49の対称型IGBTの場合と同様になります。ただし、非対称型IGBTの場合の接合J_{CB}-J_{EB}間の距離は、対称型IGBTの場合の約半分（例えば耐圧が1200Vで同じ場合）になります。

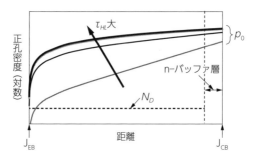

図1-51　非対称型IGBTのN-ドリフト領域およびN-バッファ層内の正孔密度分布（N-バッファ層へ高レベル注入の場合）

N_{DNB}を高くし、接合J_{CB}からN-バッファ層への一定のJ_C注入が低レベルになった場合のN-ドリフト領域およびN-バッファ層内の正孔密度分布のN_{DNB}依存性を図1-52に示します。

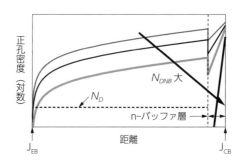

図1-52　非対称型IGBTのN-ドリフト領域およびN-バッファ層内の正孔密度分布（N-バッファ層へ低レベル注入の場合）

この場合、N-ドリフト領域内では高レベル注入になります。

N_{DNB} を上げると接合 J_{CB} からの正孔注入が抑えられるため、N-ドリフト領域内の正孔密度が低下します。これにより、ターンオフ時間が短縮されスイッチングスピードが上がりますが、オン電圧は上昇します。

つまり、N_{DNB} を制御することにより、それらの最適化を図れ、ライフタイム制御と同等の効果を出せます。

N-バッファ層が高レベル注入になっている非対称型IGBTに一定の J_C 注入を行った場合のオン状態電圧降下の τ_{HL} 依存性を図1-53に示します。

この特性を図1-50の対称型IGBTの特性と比較した場合、非対称型IGBTはより低い τ_{HL} まで V_{ON} を低くできます。すなわち、非対称型IGBTは対称型IGBTに比べてより低い V_{ON} で高速スイッチングを可能にします。

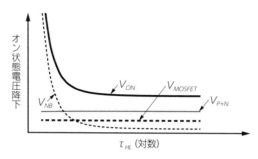

図1-53　非対称型IGBTのオン状態電圧降下の τ_{HL} 依存性

③ トランスペアレントコレクタの対称型IGBTのオン電圧

トランスペアレントコレクタの対称型IGBTに一定のJ_Cを流し、P^+コレクタの表面濃度N_{ACS}を変えた場合のN-ドリフト領域内の正孔密度分布を図1-54に示します。

N_{ACS}が大きくなるにつれてp_0が上昇し、N-ドリフト領域内の正孔密度は高くなります。これにより、V_{ON}は低下しますが、ターンオフ時間が長くなりスイッチングスピードが遅くなります。

この構造では、N_{ACS}を制御することにより、それらの最適化を図れ、ライフタイム制御と同等の効果を出せます。

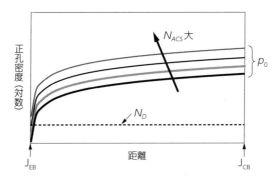

図1-54 トランスペアレントコレクタの対称型IGBTのN-ドリフト領域内の正孔密度分布

図1-55にトランスペアレントコレクタを持つ対称型IGBTに一定のJ_Cを流した場合のオン状態電圧降下のN_{ACS}依存性を示します。V_{ON}はN_{ACS}の増大とともに徐々に低下している様子がわかります。

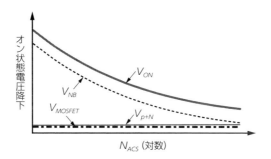

図1-55　トランスペアレントコレクタを持つ対称型IGBTの
　　　　オン状態電圧降下のN_{ACS}依存性

1.6.3 スイッチング特性

(1) ターンオン特性

IGBTをターンオンしたとき、PiNダイオードをオンしたときと同様に順方向電圧にオーバーシュートが発生します。これは、ターンオン初期には伝導度変調がN-ドリフト領域全域に起こっていないことに起因します。

オーバーシュートは、順方向電流の大きな上昇率でより大きくなります。これを下げるには、ゲート抵抗を上げてその上昇率を下げることが必要ですが、これを下げすぎるとスイッチング損失が増えるのでこれらの最適化が必要です。

(2) ターンオフ特性

① 誘導負荷のターンオフ特性

誘導負荷（図1-39を参照）のターンオフ特性を図1-56に示します。

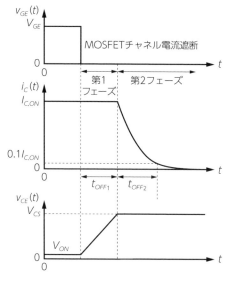

図1-56　誘導負荷のターンオフ特性

　MOSFET遮断後 (ゲート電圧の時間変化 $v_{GE}(t)$ が瞬時に起こり、チャネル電流を遮断すると仮定)、コレクタ電流の時間変化 $i_C(t)$ とコレクタ電圧の時間変化 $v_{CE}(t)$ は第1と第2のフェーズに分かれます。

　第1フェーズでは、$i_C(t)$ は誘導負荷のためオン電流 $I_{C,ON}$ で一定で、$v_{CE}(t)$ がオン電圧 V_{ON} から供給電圧 V_{CS} (フリーホイールダイオードの順方向立ち上がり電圧をゼロとした場合) まで上昇します。$v_{CE}(t)$ は、接合 J_{EB} からN-ドリフト領域に広がる空間電荷領域にかかります。

　第2フェーズでは、$i_C(t)$ はN-ドリフト領域内 (またはN-バッファ層内) の中性領域のキャリア消滅にしたがって $I_{C,ON}$ から低下していき、その低下分がフリーホイールダイオードに移っていきま

す。$v_{CE}(t)$ は V_{CS} で一定です。

② 対称型IGBTのターンオフ特性
   (トランスペアレントコレクタでない場合)

対称型IGBTの第1フェーズの $v_{CE}(t)$ の立ち上がり時間 t_{OFF1} は、以下になります。

$$t_{OFF1} = \frac{\varepsilon_S p_0 V_{CS}}{W_N (N_D + p_{SC}) J_{C,ON}} \qquad (1.71式)$$

ここで、$J_{C,ON}$ はオン時のコレクタ電流密度、p_{SC} は空間電荷領域を通過する正孔密度で、この場合一定です。したがって、t_{OFF1} は V_{CS} に比例します。

第2フェーズの $i_C(t)$ のオフ時間 t_{OFF2} を、$i_C(t)$ が低下し始めてから $0.1 \times I_{C,ON}$ に達するまでの時間とすると、t_{OFF2} は以下になります。

$$t_{OFF2} = \frac{\tau_{HL}}{2} \ln(10) = 1.15 \tau_{HL} \qquad (1.72式)$$

この t_{OFF2} はN-ドリフト領域内の高レベルライフタイム τ_{HL} のみに依存します。

③ 非対称型IGBTのターンオフ特性
   (トランスペアレントコレクタでない場合)

非対称型IGBTの t_{OFF1} は、以下になります。

$$t_{OFF1} = \frac{\varepsilon_S p_{WNB+} V_{CS}}{W_N (N_D + p_{SC}) J_{C,ON}} \qquad (1.73式)$$

ここで、p_{WNB+}はオン時のN-バッファ層側のN-ドリフト領域端の正孔密度です。このt_{OFF1}も対称型IGBTと同じように、V_{CS}に比例します。

非対称型IGBTのt_{OFF2}は以下になります。

$$t_{OFF2} = \tau_{p0,NB} \ln(10) = 2.3\tau_{p0,NB} \qquad (1.74式)$$

ここで、$\tau_{p0,NB}$はN-バッファ層の少数キャリアライフタイムです。このt_{OFF2}は$\tau_{p0,NB}$のみに依存します。

④ トランスペアレントコレクタの対称型IGBTのターンオフ特性

トランスペアレントコレクタの対称型IGBTのt_{OFF1}は、以下になります。

$$t_{OFF1} = \frac{\varepsilon_S (p_0 - p_{SC}) V_{CS}}{W_N (N_D + p_{SC}) J_{C,ON}} + \frac{p_{WN}}{J_{C,ON}} \sqrt{\frac{2q\varepsilon_S V_{CS}}{N_D + p_{SC}}}$$
$$(1.75式)$$

ここで、p_{WN}はオン時のエミッタ側のN-ドリフト領域端での正孔密度です。

トランスペアレントコレクタの対称型IGBTのt_{OFF2}は以下になります。

$$t_{OFF2} = K_{TC}\sqrt{N_{AC}}\ln^2(10) = 5.3K_{TC}\sqrt{N_{AC}} \qquad (1.76式)$$

ここで、K_{TC}は定数です。このt_{OFF2}はP$^+$コレクタの実効ドーピング濃度N_{AC}に依存します。これは、キャリアの消滅が接合J_{CB}での表面再結合速度S_r (S_rはN_{AC}に逆比例) に依存するからです。

1.6.4 トレンチゲートIGBT

図1-57にトレンチゲート非対称型IGBTを示します。これはプレーナゲート型IGBTに対して、(a) MOSFETのチャネル密度 (縦方向チャネル) が高く、(b) JFETがない特徴を持っています。このため、エミッタ側のN-ドリフト領域でキャリア密度が高くなり、オン電圧を低減できます。

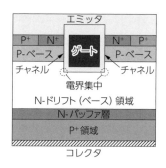

図1-57　トレンチゲート非対称型IGBTの断面

ブロッキング特性はプレーナゲート型IGBTと基本的に同じですが、順方向ブロッキング時にトレンチ底のコーナー部に電界集中が発生し、耐圧を低下させる可能性があるので、このコーナー部を丸

める処理が必要になります。

トレンチゲートIGBTでさらにオン電圧を低減するために、IEGT(図1-58参照)やCSTBT(図1-59参照)などが実用化されています。

IEGTでは、P-ベース幅を狭くし、トレンチゲートを深くまた幅広く(トレンチゲートを幅広くすることに関し、実際には、エミッタ側のN^+とP^+の領域およびトレンチゲート電極を間引いてあります)してあり、エミッタへ抜ける正孔の注入効率を抑えてあります。このためエミッタ側のN-ドリフト領域内にキャリアの蓄積が起こり、よりオン電圧を低減できます。

また、CSTBTはエミッタ側のN-ドリフト領域にN-ドリフトより濃度を高くした電荷蓄積層を持っています。この層により、IEGTと同様にエミッタ側N-ドリフト領域内にキャリアの蓄積が起こり、よりオン電圧を低減できます。

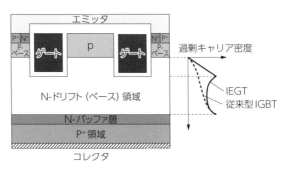

図1-58　IEGTの断面

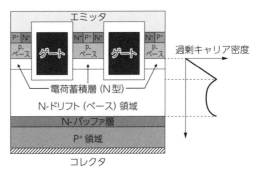

図1-59　CSTBTの断面

1.7　次世代パワーデバイス

　パワーデバイスの半導体材料にはSi（シリコン）が広く使われています。ここでは、Siに置き換わる新しい半導体材料と、それを用いたパワーデバイスを紹介します。

1.7.1　次世代半導体とその特徴

　表1-2はパワーデバイスへの適用が期待されている半導体の材料特性です。GaNやSiCなどの次世代の半導体はバンドギャップが大きい材料です。大きな絶縁破壊電界は縦型パワーデバイスの厚みを薄くできるだけでなくキャリア濃度を高くすることができることから、パワーデバイスにしたときのオン抵抗値を小さくできます。バリガ性能指数はMOSFETなどのユニポーラデバイスのオン抵抗の低さを表す性能指数です。SiCやGaNはSiに対して、それぞれ、340

倍、870倍、オン抵抗を低くできるポテンシャルを持っています。

表1-2　パワーデバイスへの適用が期待されている半導体材料と物性

	Si	GaAs	GaN	4H-SiC
バンドギャップ (eV)	1.1	1.4	3.4	3.3
電子移動速度 μ_e (cm²/Vs)	1400	8000	1200	1000
絶縁破壊電界 Ec (MV/cm)	0.3	0.4	3.3	2.5
誘電率 ε	11.8	12.9	9.0	9.7
バリガ性能指数 ($\varepsilon\mu_e E_c^3$ のSiに対する比)	1	15	870	340

　図1-60は各半導体材料でユニポーラデバイスを作ったときの耐圧とオン抵抗の関係をグラフにしたものです。SiCやGaNで作ったパワーデバイスは、Siよりも高耐圧および低オン抵抗にできます。

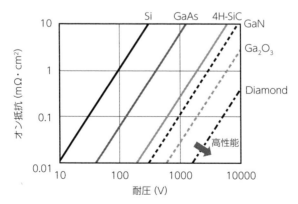

図1-60　パワーデバイスの耐圧とオン抵抗の関係

また、これらはバンドギャップが大きいため高温においても安定に動作させることができます。表1-3は各半導体材料で1000V耐圧のパワーデバイスを作ったときの最大動作可能温度です。

表1-3　パワーデバイスの最大動作温度（シミュレーション計算値）

半導体材料	最大動作温度
Si	200℃
3C-SiC	700℃
4H-SiC	1200℃
6H-SiC	1350℃
2H-GaN	1450℃
Diamond	〉2500℃

1.7.2　GaNデバイス

図1-61はGaNを使ったパワーデバイスの一般的な構造です。通常、トランジスタにはソース、ゲート、ドレインの3つの電極があり、ソースとドレインが対向面にありますが、GaNは3つの電極すべてが同一面にある「横型」の構造を取っています。当初のGaNパワーデバイスは、サファイヤ基板やSiC基板上にGaN結晶を成長させて製造していたため、非常に高価でしたが、安価なSi基板上にGaN結晶を成長させる技術が確立したことにより、いっきに普及しました。

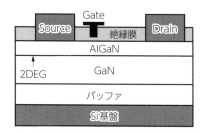

図1-61　GaNパワーデバイスの構造

　GaNパワーデバイスは耐圧600V〜1200V程度まで実用化されています。同耐圧・同面積のSi-MOSFETと比較して導通時の抵抗が低いため、通電電流当たりのチップ面積を小さくできることから安価なデバイスとしても期待されています。また、出力容量が小さいことからスイッチング損失が小さく、高周波用途への適用が期待されています。

　GaNパワーデバイスは原理的にノーマリーオン（G-Sを同電位にしてもオンとなる）であるため、扱いにくい問題があります。そこで、図1-62に示すように低耐圧のMOSFETをカスコード接続して、ノーマリーオフのスイッチとして動作させるパッケージも製造されています。この場合、しきい値はMOSトランジスタで決まるのでSi-MOSFETと同等のしきい値を実現でき、既存のゲートドライバがそのまま使えます。

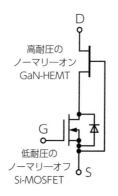

図1-62　カスコード接続

1.7.3　SiCデバイス

　SiCパワーデバイスは、MOSFET、IGBT、GTOなどが開発されており、その構造および使い方はSiパワーデバイスとほとんどかわりません。SiCは絶縁破壊電界強度がSiより約10倍大きいため、同じ耐圧を実現するためには活性層の厚さを10分の1程度まで薄くかつ高濃度にでき、パワーデバイスに適用した場合、オン抵抗を大幅に低減できます。一方、Siと同じ活性層の厚さにすると10倍の高耐圧が実現できます。このため、IGBT、GTO、PiNダイオードなどのバイポーラ構造を採用することにより、Siでは到達しえない十数kVから数十kVという高耐圧デバイスが可能となります。図1-63はパワーデバイスの耐圧に対する使い分けを示しています。

のである。神が自然や人類に与えた能力を結集した熱酸化膜のカラーチャートの利用、エリプソメータの借用を通じてのよき先輩技術者との出会いなど思い出深い。職場に導入した手動エリプソメータはその後、C大学の研究者にも利用してもらった。手動エリプソメータが大いに役に立ったようである。

熱酸化膜のカラーチャート

Film Thickness (microns)	Color and Comments
0.05_0	Tan
0.07_5	Brown
0.10_0	Dark violet to red-violet
0.12_5	Royal blue
0.15_0	Light blue to metallic blue
⋮	⋮

注) 収率（歩留）が環境に大きく左右される（作ってみなければわからない）という意味で言われたようだが、その後半導体産業は"産業のコメ"と呼ばれるようになった。

参考文献 Bibliography

■第1章

[1] B. Jayant Baliga, "*Fundamentals of Power Semiconductor Devices*", Springer Science + Business Media, 2008.

[2] 山本秀和,『パワーデバイス』, コロナ社, 2012年.

[3] 大橋弘通, 葛原正明 (編著),『パワーデバイス』, 丸善出版, 2011年.

[4] 松田順一,「IGBTの伝導とスイッチング特性」, http://www.el.gunma-u.ac.jp/~kobaweb/lecture/IGBT20161127.pdf

[5] 松田順一,「パワー MOSFETの基礎」, http://www.el.gunma-u.ac.jp/~kobaweb/lecture/2016-6-3powermosfet.pdf

[6] 松田順一,「パワー・ダイオードの特性 (rev.2)」, http://www.el.gunma-u.ac.jp/~kobaweb/lecture/power-diode20161107matsuda.pdf

[7] M. Kitagawa, I. Omura, S. Hasegawa, T. Inoue, and A. Nakagawa, "*A 4500 V injection enhanced insulated gate bipolar transistor (IEGT) operating in a mode similar to a thyristor*", in IEEE IEDM Tech. Dig., Dec. 1993, pp.679-682.

[8] H. Takahashi, E. Haruguchi, H. Hagino, and T. Yamada, "*Carrier stored trench- gate bipolar transistor (CSTBT)-A novel power device for high voltage application*", in Proc. Int. Symp. Power Semiconductors (ICs), May 1996, pp. 349-352.

[9] Cyril Buttay, Dominique Planson, Bruno Allard, Dominique Bergogne, Pascal Bevilacqua, et al.. "*State of the art of High Temperature Power Electronics. Microtherm*", Jun 2009, Lodz, Poland. pp.8-17, 2009, https://hal.archivesouvertes.fr/hal-00413349/document

[10] http://www.mitsubishielectric.co.jp/semiconductors/catalog/pdf/sicpowerdevices_j_201804.pdf

[11] 山本秀和,『ワイドギャップ半導体パワーデバイス』, コロナ社, 2015年.

パワーデバイスの製造プロセス

Chapter: 2
Manufacturing Process

2.1 パワーデバイスプロセス
2.2 高性能化プロセス

2.1 パワーデバイスプロセス

2.1.1 シリコン基板

パワーデバイスの製造においては、FZ (floating zone) ウェーハ、エピタキシャルウェーハ等を主として用います。LSI製造で使用されるCZ (Czochralski) ウェーハについてはここでは詳細を割愛します。比較表を表2-1に示します。

表2-1　各種シリコンウェーハの特徴比較

ウェーハ	特徴
FZウェーハ	抵抗率制御は中性子照射法やガスドープ法により、優れた均一性を確保可能。高抵抗ウェーハはパワーデバイスに適します。
エピタキシャルウェーハ	抵抗率の異なる多層構造形成が可能。抵抗率や厚さの均一性に優れパワーデバイスにおいても優位性があります。
拡散ウェーハ	FZウェーハに裏面不純物構造の形成をウェーハ状態で実施。高温・長時間の拡散で両面から厚い拡散層を形成し中央から分割して製造します。
CZウェーハ	製造コスト低く、大口径容易で先端LSIに好適。抵抗率制御に難があり、パワーデバイスには不向きです。

(1) FZウェーハ

FZ法による単結晶育成の模式図を図2-1に示します。

円柱状の高純度多結晶シリコンを原料として用い、RF (radio-frequency) ヒーターで狭いゾーンを溶融状態にし、引き下げながら結晶を育成します。CZ法のようにルツボ (石英) 中の溶融シリコンから引き上げる方法と異なり、ルツボ起因の不純物 (酸素等) の混入を低減することができます。

FZウェーハは、高抵抗ウェーハの製造に優位性があり、高耐圧を要求するパワーデバイスの製造に適しています。

FZウェーハにおけるドーパント制御方法は中性子照射法とガスドープ法があります。

シリコン単結晶は質量数30の^{30}Siを3%程度含んでいます (ちなみに、^{28}Siが92%程度存在します)。原子炉でSi単結晶に中性子を照射すると、単結晶に均一に含まれる^{30}Siはγ崩壊して^{31}Siに変化し、さらに^{31}Siはβ崩壊して^{31}Pになります。

この反応を制御すればN型シリコンの不純物制御が可能になります。

ドーパント濃度の面内均一性は良好ですが、原子炉を用いるため、供給安定性に課題があります。

一方、ガスドープ法は溶融シリコン部分にドーパントガスを直接吹き付ける方法です。PH_3やB_2H_6を用いることにより、N型、P型それぞれのドーピングが可能です。

ドーパントの面内均一性は中性子照射法に劣りますが、技術の改善が進んでおり、ガスドープ品への置き換えが期待されます。

図2-1　FZ単結晶製造の模式図

(2) エピタキシャルウェーハ

　Siウェーハに種結晶の役割を与え、デバイス形成に必要な抵抗率の異なる多層構造を縦方向に形成可能なエピタキシャル成長法はパワーデバイスの製造にも広く用いられます。

　エピタキシャル成長装置の反応炉にSi化合物やドーパント不純物をキャリヤーガスの水素とともにガス状態で導入し加熱すると、化合物が熱分解してSi原子が生成しSi基板表面で規則的に配置し、Si単結晶層が成長します。エピタキシャル成長が進行する際、所望のドーピングも同時に進行し、各種のエピタキシャル層を形成することができます。

　量産性に優れたバッチ式（一度に多数枚を処理可能）と、抵抗率や厚さの均一性制御に優れた枚葉式（1枚ずつ処理）があります。

　Si基板上にエピタキシャル層が成長した場合、Si基板とエピタキシャル層の界面は急峻な濃度分布になることが望ましいですが、実

際には不純物が拡散するほどの高温でエピタキシャル成長が進行するので、その界面付近で基板側からエピ層側へ、およびその逆方向に、相互に不純物の拡散が進行します。

その結果、同種の不純物同士ではそれらの成分の合計によって、また、不純物が互いに反対の型の場合はそれら成分の差によって、界面付近の不純物濃度分布が決まります。

2.1.2 基本ウェーハプロセス

今日のパワーデバイスで重要な位置づけにあるIGBTについてウェーハプロセスの基本的な製造プロセスフローを概説します。

LSIはSiの表面を横方向に電流が流れる横型デバイスですが、IGBTはSi基板の表面と裏面に電極を備え、電流が縦方向に流れる縦型デバイスです。表面プロセス基本フローと裏面プロセス基本フローに分けて説明します。

使用する製造装置はパワーデバイスに特徴的なところを除いて、LSI製造と互換性がある汎用の装置をなるべく用います。

例えば、パターン形成ではフォトリソグラフィおよびエッチング、成膜ではCVDやスパッタ装置、不純物導入ではイオン注入装置などを用いて、パワーデバイス用にレシピを最適化してプロセスを実施します。

(1) パワーデバイス表面プロセス基本フロー

図2-2はNチャネル型トレンチIGBTの表面プロセスフローの概略を示しています。図はデバイスのセル構造の断面図を示しています。縦横の寸法は任意で模式的に示してあります。

トレンチ型IGBTの製造工程においては、例えば、FZウェーハを用いて、拡散層形成、トレンチゲート電極形成、厚膜電極形成を備えています。

図2-2 (a) では、フォトリソグラフィによって所望のパターンを形成し、ボロンをイオン注入した後、例えば1150℃程度の熱処理で拡散させて深いP層を形成します。終端構造に必要なガードリング用の拡散層もこの段階で併せて形成することができます（図2-2では示されておりません）。

その後、図2-2 (b) では、ゲート電極構造を形成します。ここではトレンチゲートの場合を示します。

トレンチ形成は拡散で形成したP層より深くN−層に突き出る状態で形成します。ゲート酸化膜形成はトレンチエッチング後の内部の清浄化を行った後に形成し、品質を確保します。N+領域（エミッタ）はパターン形成後、イオン注入し、続く熱処理により形成されます。

続いて、図2-2 (c) では、層間絶縁膜を形成後、コンタクトホールを開口し、厚膜メタル（エミッタ電極）を形成します。

パワーデバイスでは大電流を適用するため、実装する際、通常太いボンディングワイヤをします。そのため、薄いメタル電極では、ボンディング時の衝撃を受け止めることが困難になり、下地構造に不具合を生じる場合があります。そのようなことを防止するため厚膜メタルを用いる必要があります。

しかし、厚くなるほどスパッタリングによる金属膜形成などの生産性が低下します。ワイヤボンディング技術などの実装工程も含めてプロセスの最適化が必要になります。

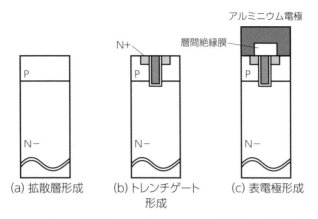

図 2-2　パワーデバイス表面プロセスフロー（模式図、(a) – (c)）

(2) パワーデバイス裏面プロセス基本フロー

図 2-3 は FS (Field Stop) 型 IGBT [1] の裏面プロセスフローの概略を示しています。ここでも図 2-2 と同様にデバイスのセル構造の断面図を模式的に示しています。

表面プロセス終了後、保護部材を用いて形成済みの表面構造を保護した後、ひっくり返して、裏面を加工します。デバイス構造にもよりますが、縦型構造であるパワーデバイスはウェーハ厚を薄くすることにより、損失低減など特性向上に寄与することができます。

まず、図 2-3 (d) では、すでに形成した表面構造を保護するために保護部材を表面側に付けます。

その後、図 2-3 (e) では、600〜700 μm 程度あるウェーハ厚を、デバイス特性にもよりますが、100 μm 程度にまで薄くします。ここでは、一般的に使用される CMP では対応不可能です。研削装置を用いて薄ウェーハ化を行います。研削後ダメージ層を除去する

ことが重要です。

また、薄ウェーハ化すると、表面に異なる熱膨張係数を持つ複数の膜が形成されているため、ウェーハの反りが発生しやすくなり、反り対策が重要になります。

次に、図2-3 (f) では、裏面からN型、P型のイオン注入を行い、アニール (図2-3 (g)) によりドーパントの活性化を行います。ここではレーザーアニールを適用することができます。

続いて、図2-3 (h) では、P+コレクタに接する裏面電極 (コレクタ電極) を形成し、保護部材を外してウェーハプロセスを完了します (図2-3 (i))。

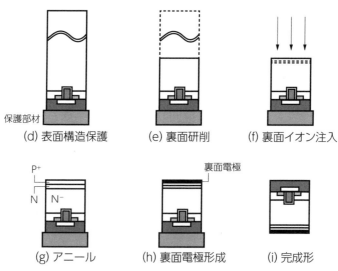

図2-3　パワーデバイス裏面プロセスフロー (模式図、(d) - (i))

2.2 高性能化プロセス

本節では、パワーデバイスの高性能化で重要な高耐圧化と低損失化のためのウェーハプロセス技術を取り上げます。

2.2.1 高耐圧化プロセス

パワーデバイスの高耐圧化は、バルクと表面の両方の観点からのアプローチが不可欠となります。

(1) バルクの高耐圧化プロセス

図2-4において、(a)は通常のMOSFET構造を示したものです。

この構造では、ソース-ドレイン間の耐圧はPウエルの不純物濃度およびチャネル長(L)で決まりますが、それらは同時にMOSFETのしきい値電圧やチャネル抵抗とも関係するので、一方的な高耐圧化は困難になります。

(b)は横型のパワーMOSFET構造を示したものです。

この構造はPウエル拡散を行った後にPウエル層内にN^+ソース拡散(Double-Diffused)を行い、同時にN基板へのN^+ドレイン拡散を行って形成されます。この構造はDMOSFET構造と呼ばれています。

DMOSFET構造では、ソース-ドレイン間の耐圧はPウエル/N基板接合で保持されるので、MOSFETのしきい値電圧特性やチャネル抵抗とは無関係にN基板の低濃度化で高耐圧化が可能になります。

(c)は縦型パワーMOSFETおよびIGBT構造を示したものです。

この場合もPウエル拡散とPウエル内へのN$^+$ソース拡散を施したDMOSFET構造となっており、パワーMOSFETの場合はN$^+$ソースとウェーハ裏面に形成されたN$^+$ドレイン間(IGBTの場合はN+エミッタとウェーハ裏面に形成されたP$^+$コレクタ間)の耐圧はPウエル/N基板接合で保持されます。

DMOSFET構造は、パワーIC、パワーMOSFET、およびIGBTなどの高耐圧が要求される素子で一般に採用されている構造です。

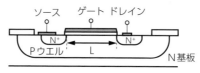

(a) 通常のMOSFET構造

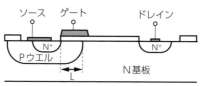

(b) 横型パワーMOSFET構造

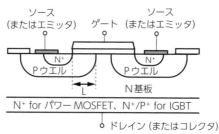

(c) 縦型パワーMOSFETおよびIGBT構造

図2-4　通常のMOSFET構造とパワーMOSFET構造

(2) 表面の高耐圧化プロセス

　一般に、ウェーハプロセスで形成されるPN接合の接合面端部は表面に露出して形成されます。

　そのため、接合耐圧の確保には表面の不活性化処理が必要になり、シリコン酸化膜や樹脂などの絶縁膜で保護されます。

　図2-5に示すように、絶縁膜中にトラップされた電荷あるいは界面の固定電荷などが接合面端部での空乏層の広がりを妨げる場合があるので、絶縁膜の品質確保も重要になります。

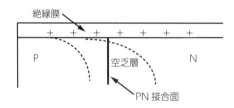

図2-5　絶縁膜中電荷の影響と表面空乏層広がり

　また、基板表面からの拡散で形成されるPN接合は、図2-6に示すように、拡散端で曲率(曲率半径；Xj)を持つ接合面となり、曲率の影響も無視できません。

　このようなことから、一般にパワー素子では耐圧を確保する接合をなるべく深い拡散(大きなXj)とすることにより、曲率の影響ができるだけ小さくなるようにしています。

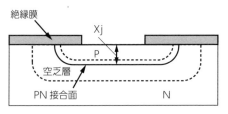

図 2-6　プレーナ拡散層の曲率

　拡散接合形のプレーナ素子は、この両方（表面電荷と拡散曲率）の影響を受けることになります。表面電荷や拡散曲率の影響を少なくし、バルクの耐圧に近づけるための表面耐圧構造について以下に説明します。

①　ベベル構造

　高圧シリコンダイオードやサイリスタのようなメサ型の高耐圧素子において、露出している接合端部に傾斜を持たせた加工（傾斜角 θ）を施すことにより、バルクに比べて端部表面の電界強度を小さくする表面電界緩和の方法です。

　ベベル構造には、図 2-7 に示す 2 つのタイプがあり、高濃度から低濃度に向かって素子の断面積が減少する場合を正ベベル、逆の場合を負ベベルと呼んでいます。

　ベベル加工は湿式化学エッチまたはサンドブラストやダイサーによる機械加工で行われ、ベベル面は PSG（リンガラス）や JCR（junction coating resin）などで保護されます。

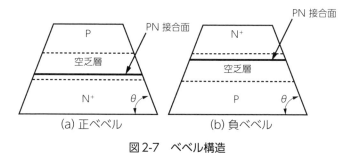

図 2-7　ベベル構造

② ガードリング構造

図 2-8 に示すように、空乏層の広がる領域内にチップの活性領域を囲むように何本かの拡散層リングを設けた構造で、FLR (Field Limiting Ring) 構造とも呼ばれています。

ガードリングごとに電位が固定されるため、複数本のガードリング間で電位分担ができて表面電界緩和につながり、プレーナ型の高耐圧素子ではごく一般に用いられている表面電界緩和の方法です。

チップ端部まで空乏層が到達しないように、終端部にはチャネルストップ層が設けられ、ガードリング本数やガードリング間隔 (W_1, W_2, ・・・) などがデバイス設計パラメータとなります。

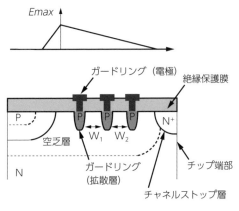

図2-8　ガードリングとチップ終端構造

③　フィールドプレート構造

フィールドプレート構造には、図2-9に示すように、メタルフィールドプレートと抵抗性フィールドプレートの2つのタイプがあります。いずれも表面での空乏層の延びを助ける方法であり、プレーナ型高耐圧素子で適用されています。

前者はオーバーオキサイド構造とも言われ、酸化膜上にPN接合部を越えてAlなどの金属電極を延ばすことにより、空乏層内にコンデンサ効果で表面電荷を誘起させて空乏層の曲率を緩和し、表面での最大電界強度を下げて耐圧を向上させます。

後者は、酸化膜上にSIPOS (Semi-Insulating Polycrystalline Silicon) 膜や抵抗性窒化膜などの抵抗性薄膜を形成して同様の効果を得るとともに、表面の電界強度を連続的にして緩和する方法です。

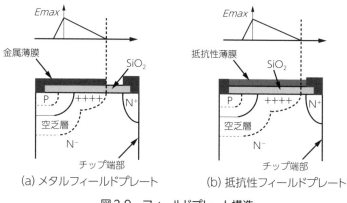

図 2-9　フィールドプレート構造

④　リサーフ (Reduced Surface Field) 構造

パワー IC などの高耐圧が要求される横型素子に用いられる高耐圧化技術です。図 2-10 にリサーフ構造と空乏層の広がりの様子を示します。

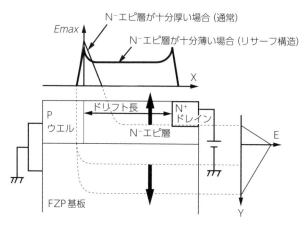

図 2-10　リサーフ構造と空乏層の広がり

不純物濃度の低いFZP基板に不純物濃度の低いN⁻エピ層を形成します。

次に、そのN⁻エピ層にPウエル領域（FZP基板まで到達）とN⁺ドレイン領域を形成します。Pウエル領域内にはN⁺ソース領域とゲート領域が形成されます。

N⁻エピ層が十分に厚い通常の構造では、ソースとドレイン間の耐圧はPウエルとN⁻エピ層の接合で決まり、同時にPウエルとN⁺ドレイン間の表面がその耐圧低下を引き起こします。

これに対してN⁻エピ層が十分に薄い構造（リサーフ構造）では、N⁻エピ/FZP基板接合からの空乏層の広がりがN⁻エピ層を完全空乏化するため、PウエルとN⁺ドレイン間の表面の電界は大幅に緩和されます。

同時に、FZP基板への空乏層の広がりによって、縦方向の耐圧も確保され、全体として接合耐圧の大幅な向上につながります。

FZP基板の不純物濃度、N⁻エピ層の不純物濃度と厚さ、およびドリフト長がデバイス設計パラメータとなります。

2.2.2　低損失化プロセス

IGBTのスイッチング動作を例にとり、駆動信号とスイッチング波形の様子を図2-11に示します。

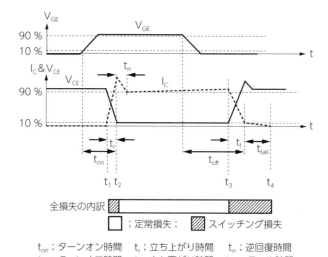

図2-11　スイッチング波形と全損失の内訳

　このときのIGBTの全損失はオン状態の定常損失（期間t_2とt_3の間で発生する損失）とオンオフの過渡状態でのスイッチング損失からなり、後者のスイッチング損失はターンオン損失（期間t_1とt_2の間で発生する損失）とターンオフ損失（期間t_3とt_4の間で発生する損失）からなります。すなわち、スイッチングデバイスの全損失の内訳は次のようになります。

全損失 (E_{tota}) ＝ 定常損失 (E_{sat}) ＋ スイッチング損失 (E_{sw})

$$E_{sat} = \int_{t_2}^{t_3} V_{CE} \times I_C \cdot dt = R_{on} \cdot (I_C)^2 \cdot (t_3 - t_2) \quad (2.1式)$$

E_{sw} ＝ ターンオン損失 (E_{on}) ＋ ターンオフ損失 (E_{off})

ターンオンおよびターンオフ時の電圧 (V_{CE}) と電流 (I_C) が同時に、かつ直線的に変化するものと仮定すると、E_{on} および E_{off} は次のように近似できます。

$$E_{on} = \int_{t_1}^{t_2} V_{CE} \times I_C \cdot dt \fallingdotseq (1/6) \cdot (V_{CE} \times I_C) \cdot t_r \quad (2.2 式)$$

$$E_{off} = \int_{t_3}^{t_4} V_{CE} \times I_C \cdot dt \fallingdotseq (1/6) \cdot (V_{CE} \times I_C) \cdot (t_f + t_{tail}) \quad (2.3 式)$$

(2.1式)、(2.2式) および (2.3式) から、
・定常損失を減らすためには、オン抵抗 (R_{on}) を小さくすること
・スイッチング損失を減らすためには、立ち上がり時間 (t_r) や立ち下がり時間 (t_f) およびテール時間 (t_{tail}) を短くすること
が低損失化には有効な手段となります。

(1) 定常損失 (オン抵抗) 低減プロセス

パワー MOSFET および IGBT の単位セル当たりのオン抵抗 (r_{on}) は次式で表されます (図 2-12 参照)。

$$r_{on} = (r_{EC} + r_{CH})/2 + r_{JFET} + r_{Drift} + r_{CC} \quad (2.4 式)$$

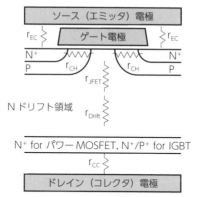

- r_{EC}：ソース（エミッタ）電極とソース N^+ 層のコンタクト抵抗
- r_{CH}：チャネル抵抗
- r_{JFET}：JFET 抵抗（両方の P ウエルから N ドリフト領域に広がる空乏層により電流経路が狭まることで発生する抵抗増加分）
- r_{Drift}：ドリフト抵抗（N ドリフト層の厚さと比抵抗で決まる）
- r_{CC}：ドレイン（コレクタ）電極とドレイン（コレクタ）層のコンタクト抵抗

図2-12　パワーMOSFETおよびIGBTのオン抵抗構成成分

以下に、特筆すべき主な低オン抵抗化プロセスについて説明します。

① **表面構造の低オン抵抗化─微細加工とトレンチゲート構造─**

チップ全体でみた場合のオン抵抗（R_{ON}）は、1つの単位セルをn個並列接続すればその分チップ全体のオン抵抗は小さくなります（$R_{ON} = (1/n)・r_{ON}$）。

パワーデバイスではチップの周辺耐圧構造や放熱特性などの観点から、チップサイズには自ずと制限がありますが、その限られたチップサイズにおいてはセルの微細化によりセル密度を高めることはチップ全体のオン抵抗低減に有効な手段となります。

その点から、LSIの微細加工技術はパワーデバイスのプロセスにも積極的に導入されています。

セルの微細加工に加えて、さらにセル密度を高める有効な手段として、従来のプレーナーゲート構造（図2-13 (a)）に代わるトレンチゲート構造（図2-13 (b)）があります。この構造はパワーMOSFETやIGBTで採用されています。

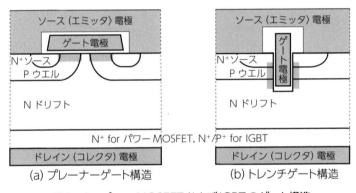

図2-13　パワーMOSFETおよびIGBTのゲート構造

② バルクの低オン抵抗化—SJ構造および薄ウェーハ化—

・パワーMOSFET

パワーデバイスでは、オン抵抗の大部分をドリフト層が占めます。特に、パワーMOSFETはユニポーラ素子のため、その影響は大きくなります。

ドリフト層は、耐圧維持の関係からそれに見合った高比抵抗と層の厚さが要求されますが、このことは耐圧向上と低オン抵抗化が常にトレードオフの関係にあることを示します。

この課題を解決したものが、次に述べるSJ（Super Junction）

MOSFET 構造です。

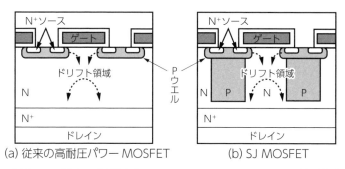

(a) 従来の高耐圧パワー MOSFET　　(b) SJ MOSFET

図 2-14　従来の高耐圧パワー MOSFET と SJMOSFET の断面構造

　従来の高耐圧パワー MOSFET 構造（図 2-14 (a)）では、P（ウエル）/N（ドリフト層）接合部での高耐圧を確保するため、ドリフト層は低不純物濃度で厚い（すなわち、抵抗が高い）層になり、結果としてオン抵抗が高くなります。

　これに対して、SJ MOSFET 構造（図 2-14 (b)）では、ドリフト領域（N）内にソースに終端された P ウエル領域を繰り返し配置した（繰り返し並列 PN）構造になっています。

　オフ時には、ドリフト領域が両側から延びる空乏層で完全空乏化されるので、高耐圧を保持することが可能となります。P 領域繰り返しのピッチを狭くすることにより、ドリフト領域の不純物濃度を高めても完全空乏化が達成できるので、低オン抵抗化も図れます。

　ドリフト領域の完全空乏化という点ではリサーフ構造と類似であり、SJ MOSFET 構造はリサーフ構造を縦にして繰り返し配置したものとみなすこともできます。

SJ MOSFETにおけるバルクの繰り返し並列PN構造は、エピタキシャル成長で形成されます。

図2-15 (a) に示すように、一定の厚さのエピ層にP型とN型の領域を形成し、そのエピ層を多段に繰り返して作る多段 (マルチ) エピ成長法が主流ですが、図2-15 (b) に示すように、N型エピ層に多数のトレンチを形成し、その中にP型のエピ層を形成するトレンチ埋め込みエピ成長法も開発されています。

これらの構造では、エピ厚、セルピッチ (P/N繰り返し幅)、N-エピの比抵抗などがデバイス設計パラメータとなり、構造およびプロセスの最適化による一層の低オン抵抗化が進められています。

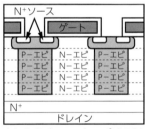
(a) 多段 (マルチ) エピ成長法

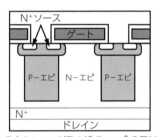
(b) トレンチ埋め込みエピ成長法

図2-15　SJ MOSFETのエピ成長法

・IGBT

IGBTには、図2-16に示すように、(a) パンチスルー (PT) 型、(b) ノンパンチスルー (NPT) 型、および (c) フィールドストップ (FS) 型の3つのタイプがあります。図では表面構造をプレーナゲート構造で描いていますが、いずれのタイプもトレンチゲート構造による一層の低オン抵抗化も図られています。

(a) PT型　　　(b) NPT型　　　(c) FS型

図2-16　IGBTのバルク構造

　表2-2はこれらの特徴を簡単にまとめたものです。
　PT型はスイッチング損失低減の観点からライフタイム制御技術が不可欠であり、NPTおよびFS型は定常損失（オン抵抗）低減の観点からドリフト層となるFZウェーハの薄ウェーハプロセスが必要になります。

表2-2 IGBTの各種バルク構造と特徴

型	ドリフト層	特　　徴
(a) PT型	エピタキシャル層	・エピ厚とドーピング濃度の調整で高耐圧と低オン抵抗化の両立が可能。 ・標準の基板ウェーハ (CZ-P$^+$) 使用可で、**薄ウェーハプロセス**は不必要。 ・高注入キャリアの消滅に**ライフタイム制御技術**が必要。 ・ウェーハコスト (エピコスト) が高い。
(b) NPT型	FZ基板	・FZ基板のため結晶欠陥が少ない上に、高耐圧化に有利。 ・コレクタ (P$^+$層) の厚さと不純物濃度コントロールにより、キャリアの注入効率を抑制できる。 ・低オン抵抗化 (高輸送効率化) のための**薄ウェーハプロセス**が必要。
(c) FS型	FZ基板	・ドリフト層に電界のストップ層を設けることにより、ノンパンチスルー型よりもドリフト層を薄くでき、一層の低オン抵抗化が可能。 ・ノンパンチスルー型と同様に**薄ウェーハプロセス**が必要。

・**薄ウェーハプロセス**

　ノンパンチスルー (NPT) 型やフィールドストップ (FS) 型では比較的高比抵抗のFZウェーハが用いられます。

　標準ウェーハの直径Φと厚さは規格で決まっており、6〜8インチΦのウェーハ厚は675〜725 μmです。このウェーハ厚をそのまま用いれば、ドリフト層は700 μm程度になります。

　仮に1200V耐圧用でも基板の比抵抗にもよりますが、100 μm程度あれば十分です。耐圧確保に必要な厚さ以上の部分は単に定常

損失を大きくするだけなので、標準ウェーハのウェーハ厚を薄くするための薄ウェーハプロセスが必要になります（現状では6～8インチΦのウェーハで1/6～1/9 程度までの薄ウェーハ化が可能になってきていますが、今後ますますの薄ウェーハ化が進むものと思われます）。

このように極端に薄いウェーハは熱処理やハンドリングなど通常のウェーハプロセスでの処理が困難なため、表面プロセス（P-ベース、N^+-ソース、ゲート構造、表面電極・配線など）を終えた後の裏面プロセスによって薄ウェーハ化することになります。

図2-17に薄ウェーハ化のための裏面プロセスの概略フローを示します。

(a) 支持基板貼り付け

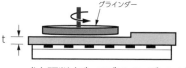
(b) 研削（バックグラインディング）

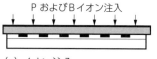
(c) イオン注入

(d) PおよびBイオンの活性化

(e) 保護シートおよび支持基板取り剥がし

図2-17　薄ウェーハ裏面プロセスフロー

　あらかじめ標準のウェーハ厚で表面プロセスを完了したウェーハ表面に保護シートやガラス基板などの支持基板を張り付けます(a)。

　次に支持基板を下にして所望の厚さ(t)になるようにウェーハ裏面の研削を行った後、研削で生じたダメージ層を湿式化学エッチで除去します(b)。

続いてノンパンチスルー型の場合はボロン（P型不純物）、フィールドストップ型ではリン（N型不純物）とボロン（P型不純物）をイオン注入し（c）、レーザアニールによりドーパント不純物を活性化します（d）。

　その結果、ノンパンチスルー型ではコレクタ（P$^+$）、フィールドストップ型ではフィールドストップ層（N）とコレクタ層（P$^+$）が形成され、その上に裏面電極となる金属の蒸着を行った後、不要となった支持基板を取り剥がし（e）、裏面プロセスが完了します。

　大口径で薄いウェーハのプロセス処理には従来のプロセスとは異なる新規なプロセス技術が要求されます。薄ウェーハ裏面プロセスに特異な工程を従来プロセスとの対比で表2-3に示します。

表2-3　薄ウェーハ裏面プロセスに特異な主な工程

主な特異工程	従来プロセス	薄ウェーハ裏面プロセス
支持基板の着脱	Siウェーハ基板の厚さで十分な強度が確保されているため支持基板不要	ウェーハの研削やその後のプロセスにおける強度確保に支持基板が不可欠であり、そのための着脱工程
裏面ドーパントの活性化	1000～1200℃の炉内でのウェーハ全体の熱処理	表面電極（Al：融点660℃）が形成された後の熱処理のため、局所熱処理必要 ⇒レーザアニール
ウェーハ搬送	真空チャック搬送	ベルヌーイチャック搬送などの非接触搬送による割れ欠け防止

　ウェーハの表面に保護シートやガラス基板などの支持基板を張り付ける場合には、仮着用の接着剤（研削時に耐えうる接着性および

密着性と研削後の剥離容易性)の選定や、それらの積層内部応力の低減などの工夫が必要です。

裏面ドーパントのレーザアニールは、すでに形成された表面構造に熱ダメージを与えることがなく、裏面の数μm深さに注入された不純物イオンのみを活性化するものです。

シリコン基板への光の侵入長は、波長が長いほど長くなります。第2高調波YVO$_4$レーザ(波長；532nm、侵入長；1μm)と半導体レーザ(波長；797nm、侵入長；10μm)の2波長を用いたレーザアニールは、アニール深さを1〜10μmの範囲で制御できるので、基板全体は200℃以下に保ったまま裏面から数μm深さの領域にある不純物イオンのみを活性化できます。

薄ウェーハの搬送については、従来の真空チャックの場合のような接触タイプの搬送では接触時の衝撃による破損を生じます。

これを避けるためには、非接触タイプの搬送が望まれます。吸着表面に設置した複数のノズルからエアを放射状に噴射し、そのことで生ずるベルヌーイ効果を利用してウェーハを吸引浮上させる非接触タイプのベルヌーイチャック搬送が採用されています。より強いリフト力が必要な場合には、エアを旋回方向に放出しサイクロン効果を利用する方式があります。

今後、さらなる薄ウェーハ化が進展すると予想されます。それに伴い、ウェーハの反り対策や割れ欠け防止対策が重要になってきており、新たな技術の導入なども検討されています。

TAIKOプロセスもその1つで、図2-18に示すように、通常ウェーハの外周部のエッジ部(約3mm程度)のみを残して薄ウェーハ化する方法です。

このようなリム構造とすることで、ウェーハの反りやハンドリングでの割れ欠けを防止できます。50～100μmの薄ウェーハ化まではすでに量産対応が可能で、50μm以下へのアプローチもなされています。8インチΦ以上の大口径ウェーハでは不可欠なプロセスになると思われます。

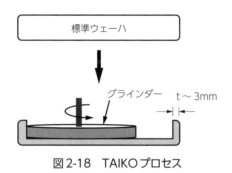

図2-18　TAIKOプロセス

(2) スイッチング損失低減プロセス

スイッチング損失は、図2-11に示したようにターンオン損失とターンオフ損失とからなり、損失の大きさは立ち上がり時間と立ち下がり時間およびテール時間の大きさに比例し、かつスイッチング周波数にも比例します。これらの損失を低減させるために、高周波電源回路を中心に回路面での様々な工夫がなされてきています。

一方、素子そのものに着目すると、各種PN整流ダイオードやIGBTなどのバイポーラ素子では少数キャリアの注入に伴う逆回復時間やテール時間の長さがスイッチング損失を大きくしています。これらの時間短縮に用いられるプロセス技術が以下に述べるライフタイム制御技術です。

ライフタイム制御技術

バイポーラパワーデバイスでは、古くからライフタイム制御技術が用いられてきています。この技術はドリフト層にライフタイムキラー（再結合中心）を導入することで、オフ時のドリフト層内キャリアを瞬時に消滅させて立下り時間やテール時間を短縮することができるので、高速素子やオフ損失低減を目的としたスイッチング素子を中心に適用されています。

表2-4に主なライフタイムキラー導入法とその特徴を示します。

表2-4　主なライフタイムキラー導入法

ライフタイムキラー導入法	特徴
金（Au）または白金（Pt）拡散	・通常の塗布拡散で簡便容易に実現できるため、古くから実施されてきている ・一般のウェーハプロセス（ライフタイムキラーの混入忌避）とは隔絶したプロセスラインが必要で、後工程で処理される
電子線照射	・電子線照射設備必要 ・基板の深さ方向全体に欠陥導入
プロトンまたはヘリウム照射	・照射設備必要 ・基板の深さ方向の任意の位置に欠陥導入可能

ライフタイムキラーの導入はキャリア寿命の短縮に効果的である一方で、キャリア移動度の低下によりオン抵抗を高める結果になります。

図2-19はライフタイムキラー導入に伴って起こるオン抵抗とターンオフ損失のトレードオフ関係を模式的に表したものです。

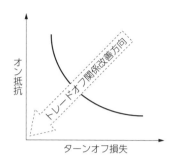

図2-19　オン抵抗とターンオフ損失のトレードオフ関係

　キラー導入法などの選定やプロセス条件の最適化を通じて、トレードオフ関係を改善する必要があります。

　ダブルエピ基板を用いたパンチスルー型IGBT（PT型IGBT）では、ターンオフ損失低減のため高注入キャリアの消滅にライフタイムキラーが導入されてきました。

　ところが、ライフタイムキラーの導入は上記のトレードオフ関係以外にチップごとでオン抵抗がばらつくという欠点が生じます。

　複数のチップを並列に並べたIGBTモジュールにおいては、この欠点は致命的です。並列接続された一方のチップが他方のチップのオン抵抗より高くなると、オン抵抗の低いチップに過電流が集中し破壊にいたることになります。

　IGBTモジュールでは、ノンパンチスルー型やフィールドストップ型を用いたP^+コレクタ層からのキャリア注入量制御やキャリア引抜き構造の工夫などによるターンオフ損失低減が主流になってきています。

コラム　　　　　　　　　　　　　　　　　　Column

失敗から学ぶこと（失敗は宝の山）

　一般に、半導体のウェーハプロセスにおけるレジストをマスクとした薄膜の選択エッチングは、加工形状により等方性と異方性のエッチングに大別される。

　下図に示すように、窒化シリコン（Si_3N_4）膜をドライエッチングした場合、(a) や (b) の形状のいずれかになる。すなわち、いずれの場合にも◯で囲んだ箇所は急峻な形状となり、その上に薄膜を形成すると段差被覆性の悪い形状となる。この段差被覆性の悪さが原因でトラブルを発生させたことがあった。対策として、(c) に示すようなテーパエッチング形状を得るための方策を考え、結果的にはテーパ角θを制御できる方法を見つけ出した。[*]

　実はこのアイデアは、以前ウエットエッチングで経験したレジストの密着性不良に起因した不具合を逆に利用することから生まれたものである。すなわち、1層目の窒化シリコン（Si_3N_4）膜上に通常のSi_3N_4膜に比べてエッチレイトの大きな2層目の窒化シリコン膜を極薄く堆積させて窒化シリコン膜の選択エッチングを行うことにより、テーパエッチング形状が得られる。テーパ角θは2層目を横方向に進むエッチング速度（Rh）と1層目を縦方向に進むエッチング速度（Rv）の比から求められる（$\tan\theta = Rv/Rh$）。窒化シリコン膜はプラズマCVDで形成され、生成条件によって様々なエッチレ

(a) 等方性エッチング

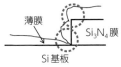

(b) 異方性エッチング

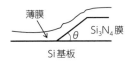

(c) テーパエッチング

イトを持った2層目の窒化シリコン膜を得ることができるので、所望のテーパ角θを持ったテーパエッチング形状が得られる。

　　　＊）　　特許第1267695号　「窒化シリコン膜」

参考文献 Bibliography

■第2章
[1] T. Laska et. al. "*The Field Stop IGBT (FS IGBT). A New Power Device Concept with a Great Improvement Potential*", Proc. 12th ISPSD. 2000, p.355-358.
[2] J. A. Appels and H. M. J. Vaes, "*HV Thin Layer Devices(RESURF Devices)*", in Proc. Intl. Electron Devices Meeting, pp.238-241, 1979.
[3] T. Fujihira, *Theory of Semiconductor Superjunction Devices*, Jpn. J. Appl. Phys., 1997, vol. 36, pp.6254-6262.
[4] 山本秀和,『パワーデバイス』, コロナ社, 2012年.

パワーモジュール

Chapter: 3
Power Module

3.1　パワーモジュール構造
3.2　パワーモジュール製造
3.3　パワーモジュール高性能化

3.1 パワーモジュール構造

3.1.1 パワーモジュールの構成

　大容量のパワーデバイスは、数100～数1000Vの耐圧と数10～数1000Aの通電能力を実現させるため、ユーザーが扱いやすいようにモジュールの形態で供給されます。

　一般に、パワーモジュールのタイプは、1個のモジュール内に搭載されているスイッチの個数で分類されます。

　IGBT (Insulated Gate Bipolar Transistor) をスイッチング素子として用いるIGBTモジュールの場合、1個のスイッチは1個のIGBTと1個の還流ダイオード (Free Wheeling Diode：FWD) で構成されます。大電流化のためにチップを並列で搭載する場合もあります。

　図3-1にIGBTモジュールの構成例を示します。

　(a) は1個のモジュール内に6個のスイッチが搭載されており、6in1 (シックスインワン) タイプと呼ばれます。6in1タイプのモジュールで三相インバータが実現できます。

　(b) は1個のモジュール内に2個のスイッチが搭載された2in1 (ツーインワン) タイプ、また (c) は1個のモジュール内に1個のスイッチが搭載された1in1 (ワンインワン) タイプです。

　パワーMOSFET (Metal Oxide Semiconductor Field Effect Transistor) がスイッチング素子の場合は、MOSFETモジュールと呼ばれます。

MOSFET内蔵のボディダイオードをFWDとして用いることも可能ですが、高性能化のため、FWDを搭載する場合もあります。スーパージャンクション (Super Junction：SJ) タイプのパワーMOSFETでは、FWDが必須です。

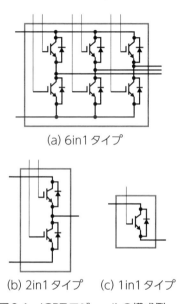

(a) 6in1タイプ

(b) 2in1タイプ　　(c) 1in1タイプ

図3-1　IGBTモジュールの構成例

　その他のパワーモジュールに、交流から直流に変換するコンバータとして、整流ダイオードのみを複数搭載したダイオードモジュールがあります。
　なお、単体のIGBT、パワー MOSFETおよび電力用ダイオード等が搭載されたパワーデバイスはディスクリート (パワー) デバイスと呼ばれます。

3.1.2　インテリジェントパワーモジュール

図3-2は1個のモジュール内にIGBTおよびFWDチップに加え、制御回路および駆動回路や保護回路までを1つのモジュールに搭載したものであり、インテリジェントパワーモジュール (Intelligent Power Module：IPM) と呼ばれます。IPMを用いると比較的簡単にインバータが実現できます。

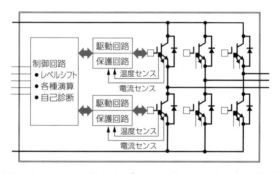

図3-2　インテリジェントパワーモジュール (IPM) の構成

通常、IPMには温度と電流に対する保護機能が組み込まれています。図中には2個のIGBTチップからのフィードバック回路を示しています。

IGBTチップには、同一チップ上に温度センスや電流センスが作り込まれています。電流センスは、小面積のエミッタにより行います。温度センスには、PN接合ダイオードの温度特性を利用しています。温度センスは、別にサーミスタを搭載する場合もあります。

上側のIGBTと下側のIGBTを駆動するための信号は電気的に絶縁する必要があります。信号の電気的な絶縁にはフォトカプラが用いられます。しかしながら、フォトカプラの信頼性はあまり高くありません。

単純なIGBTモジュールの場合は、ユーザーが制御回路、駆動回路および保護回路を設計します。高い設計能力を有するユーザーは、IGBTモジュールを購入し、パワーチップの性能を最大限に引き出せるよう自ら設計を行います。

3.1.3 パワーチップのパワーモジュールへの搭載

単相インバータに用いられる4in1タイプのIGBTモジュールを例に、パワーチップのパワーモジュールへの搭載例を示します。回路構成は図3-3 (a) のようになります。

1個のスイッチは、図3-3 (b) に示したように、同一銅配線上にIGBTチップとFWDチップを搭載します。IGBTは、表面にエミッタ (E)、裏面にコレクタ (C) が形成されています。

また、ダイオードは、表面にアノード (A)、裏面にカソード (K) が形成されています。したがって、IGBTのコレクタとFWDのカソードが銅 (Cu) 配線で接続されています。

そして、IGBTのエミッタとFWDのアノードである表面側をアルミニウム (Al) ワイヤでつなげることにより、1個のスイッチを構成できます。回路図とは上下が逆になっていることに注意してください。

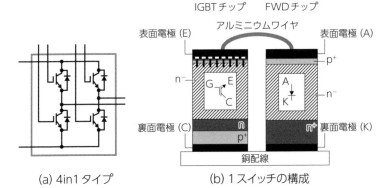

(a) 4in1タイプ　　　　(b) 1スイッチの構成

図3-3　4in1タイプパワーモジュールの回路構成と1スイッチの構成

図3-4に4in1タイプパワーモジュール内の配線を模式的に示します。

パワーモジュール内には多数の銅配線が存在します。直流入力の高電位側は、IGBTおよびFWDチップ裏面側が共通の銅配線①につながります。

一方、表面側はアルミニウムワイヤにより接続され2個のスイッチとなり、さらにそれぞれ銅配線②および銅配線③につなげて、単相交流出力となります。

交流出力の2本の銅配線上には、IGBTおよびFWDが搭載されます。さらに、これらは表面側がアルミニウムワイヤで接続されスイッチが形成されます。これら2個のスイッチはアルミニウムワイヤで接続され、同一の銅配線④を介して直流入力の低電位側につながります。これで、4in1タイプパワーモジュールが構成できます。

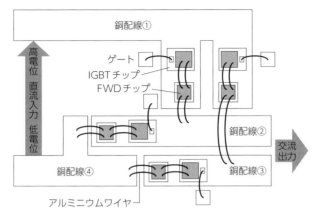

図3-4　4in1タイプパワーモジュール内の配線

3.1.4　ケースタイプとトランスファーモールドタイプ

　大容量のパワーモジュールには、パワーチップを樹脂ケース内に搭載したケースタイプが用いられます。一方、比較的小容量のパワーモジュールには、パワーチップを樹脂封止したトランスファーモールドタイプが用いられます。

(1) ケースタイプモジュール

　図3-5にケースタイプIPMの断面構造を示します。IGBTモジュール部と制御基板を上下に配置した構造がとられます。

　下のIGBTモジュール部は、パワーチップを搭載した絶縁基板を納め、直径300〜400 μmのアルミニウムワイヤを複数本用いて配線を施します。チップはゲルで封じ込めます。この状態でふたをするとケースタイプIGBTモジュールになります。

上層のプリント基板には駆動機能および保護機能を持ったパッケージICが搭載されています。制御信号は、下層のIGBTのゲートへ送られます。

電流は、IGBTモジュール同様銅電極を介して外部に取り出します。加えて、外部からの信号入力用の制御端子を有し、プリント基板につながります。

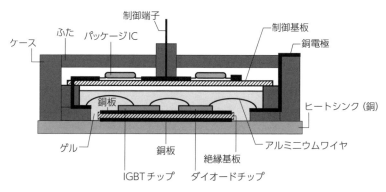

図3-5　ケースタイプIPMの断面構造

(2) トランスファーモールドタイプモジュール

図3-6にトランスファーモールドタイプIPMの断面構造を示します。

IGBTおよびFWDとゲート駆動のための高耐圧IC (High Voltage IC：HVIC) およびその他の制御IC等が、チップ状態で搭載され、全体がモールド樹脂で封じ込められています。

HVICとしては、現在1200V耐圧までのICが開発されています。トランスファーモールドタイプIPMは、600V品および

1200V品が主であり、それぞれ600V耐圧 HVICおよび1200V耐圧 HVICが搭載されています。

ボンディングワイヤには、大電流を流す部分はアルミニウムワイヤ、信号伝達用には通常のMOS型集積回路同様金ワイヤが用いられます。また、熱伝導性を有する絶縁放熱シートに銅箔を張り付け、外部から冷却できる構造になっています。

加えて、パワーデバイス用のモールド樹脂には熱伝導性を上げるため、熱抵抗の低いフィラーが含まれています。

トランスファーモールドタイプのIPMは、パッケージの両側に端子を配置したDIP-IPM (Dual Inline Package-IPM) が主流です。

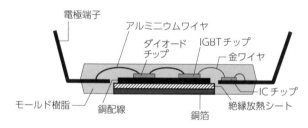

図3-6　トランスファーモールドタイプIPMの断面構造

3.1.5　パワーモジュールへの要求性能

パワーデバイスは高耐圧を有し大電流を流すデバイスであるため、チップ構造および製造プロセス以上に、パッケージの構造がMOS型集積回路とは大きく異なります。

パワーモジュールに対する重要な要求性能は、(1) 高絶縁性、(2) 大電流通電能力、(3) 放熱性、(4) 高信頼性、さらに最近では(5) 高温動作対応です。

(1) 高絶縁性

パワーモジュールは、数1000Vの電圧に耐える必要があります。高電圧が印加される配線間は充分な絶縁距離を保って配置する必要があります。4000〜6500Vのパワーモジュールでは、モジュール表面の沿面放電の対策も必要です。モジュール表面に凹凸を形成して沿面距離を長くします。

(2) 大電流通電能力

パワーデバイスは大電流をハンドリングするため、寄生インダクタンスや寄生容量の低減が重要です。チップの配置およびチップ下の銅配線およびボンディングワイヤの位置および長さ等の最適化が必要です。

(3) 放熱性

パワーチップは大電流を流すため、大きな発熱を伴うデバイスです。図3-7にパワーモジュール内外の温度を示します。

T_aは周囲温度、T_fはフィン温度、T_cはケース温度、T_jはチップ表面とボンディングワイヤの接合部の温度（接合温度）をそれぞれ表します。

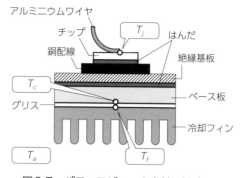

図3-7　パワーモジュール内外の温度

　図3-8に示した各部の熱抵抗によりT_jが決まります。パワーチップの熱抵抗、はんだの熱抵抗、絶縁基板の熱抵抗、グリスの熱抵抗、ベース板の熱抵抗すべてを低減する必要があります。フィンによる空冷、水冷等の外部からの強制冷却も行われます。

　パワーモジュールの高温使用限界は、T_jで規定されます。動作中のデバイス温度をT_j以下に保つため、様々な放熱構造が取られています。

　現状、T_jは150℃が一般的ですが、冷却機構簡略化のため、システム側からの高温化の要求が強く、T_jが170℃の製品が開発されています。

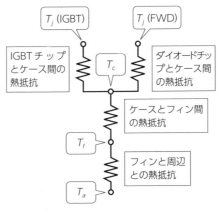

図3-8　パワーモジュールの熱抵抗

(4) 高信頼性

　パワーチップはスイッチングデバイスであり、オンオフの度に大電流が導通と非導通を繰り返します。これに伴い、パワーチップの温度が変化し、パワーチップの熱膨張係数に従い膨張と収縮を繰り返します。

　パワーモジュール内のパワーチップは、パワーチップとは熱膨張係数が異なる材質の部材で取り囲まれています。そのため、パワーチップと周辺部材との間には大きなストレスが発生します。パワーモジュールは、そのようなストレスに対する信頼性確保が重要です。

(5) 高温動作対応

　ワイドギャップ半導体を用いたパワーチップは、シリコンと比較して高温動作が可能です。高温動作パワーデバイスの実現のため、今後、第5のパワーモジュールへの要求として、モジュールの高温動作化が重要となります。

(6) パワーモジュールの設計

以前のパワーモジュール開発は、設計者の経験と勘が頼りであり、試行錯誤しながら設計していました。

最近では、シミュレーションの精度が向上し、シミュレーションを駆使したパッケージ設計が可能になり、開発期間が短縮できるようになってきています。

パワーモジュールに必要な解析ツールは、電磁界解析、熱解析および応力解析のためのシミュレーションツールです。これらを連携して解析することが求められます。

3.2 パワーモジュール製造

3.2.1 パワーモジュール製造フロー

図3-9は、最も一般的なパワーモジュールの製造プロセスフローです。

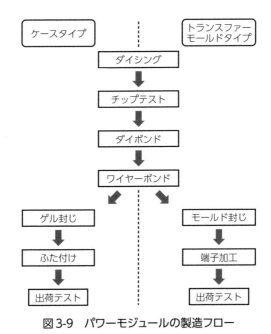

図 3-9　パワーモジュールの製造フロー

　ケースタイプ、トランスファーモールドタイプとも、最初にウェーハプロセスにより形成したパワーチップをダイシングにより切り分けます。

　その後、チップテストにより良品、不良品の判定を行います。パワーチップはアナログデバイスであるため、しきい値電圧やスイッチング特性を測定します。同一モジュール内にはできるだけ特性のそろったチップを搭載することが大事です。

　次に、絶縁基板上に形成した銅板上にチップをはんだダイボンドし、裏面の導通をとります。その後、ワイヤーボンドにより、各チップ間を配線します。

ケースタイプでは、ゲルによりパワーチップを封じ込めます。IPMでは制御基板を搭載後、ケースにふたをします。

トランスファーモールドタイプにおけるパワーチップの封じ込めは、MOS型集積回路と同様金型を用いてモールド樹脂を流し込むことで行われます。その後、端子を曲げ加工します。

最後に出荷テストを実施し、最終的な良否判定を行い製品として出荷します。

3.2.2 ダイシング工程

図3-10にダイシングの概念を模式的に示します。

ウェーハプロセスが完了したウェーハを、金属製のダイシングリングに貼られたダイシングシートに貼り付けます。

そして、刃先にダイヤモンド等の砥粒を付着させたブレードを高速回転させて、個々のチップに切り分けます。ダイシング時に発生する切削屑は、高圧の水流により除去します。

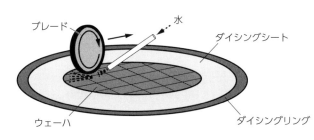

図3-10　ダイシング工程

ダイシングに用いられるブレードは、硬い物質の切断は比較的得意です。一方、アルミニウムのような柔らかい物質は、刃先に残存

し切れ味を劣化させます。

　そのため、チップ間にはできるだけ余分な物質を残さないようにしたダイシングラインが形成されます。通常、ダイシングラインの幅は100μm程度です。

　ダイシング後は、ダイシングシートを等方向に広げること（エキスパンド）により、チップが分離されます。その後、裏から紫外線を照射するとダイシングシートの粘着力が低下し、チップがピックアップしやすくなります。

　SiCのような硬いウェーハのダイシングにおいては、ブレードを用いたダイシングではブレードの摩耗が問題となります。

　その対策として、レーザーを用いたダイシング技術が開発されています。レーザーダイシングは初期投資が高額となるものの、ランニングコストを考えた場合、有利だと考えられます。

3.2.3　チップテスト工程

　図3-11にチップテストの流れを模式的に示します。

　ダイシングによるチップ切断、チップ分離のためのエキスパンド後、チップごとにテスターに搬送して電気特性を測定します。

　電気特性測定後は、良品と不良品を分けてチップケースに収納します。良品に関しては、チップテスト結果を基に特性をそろえて別ケースに収納する場合もあります。

　大電流を流すパワーチップ用に、多ピンタイプの針やばね性に工夫を加えた太針が開発されています。チップテスト後はチップケースでの運用になるため、ケース位置とチップ特性およびそれまでの履歴の管理（トレーサビリティ）が重要です。

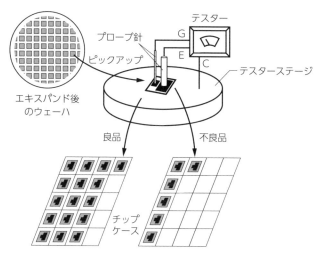

図3-11　チップテストによる良品不良品の判別

　最近は、デバイスメーカーからシステムメーカーへのチップ状態での供給も増加しており、チップテストが重要です。チップ供給の場合、システムメーカーがモジュール化します。

　チップ供給においては、モジュール供給以上にチップの高精度のトレーサビリティが要求されます。不良が発生した場合の原因解明のためです。ケース内のどの位置のチップが、どのようなプロセス履歴（装置、レシピ、処理日等）を経ているかを把握しておくことが重要です。

3.2.4　ダイボンド工程

　パワーチップは、銅板上にはんだダイボンドで接合されます。そのため、ニッケルが裏面金属としてパワーチップに成膜されています。

ただし、ニッケルは酸化されやすいため、最表面には通常薄い金が成膜されています。ニッケルとはんだが、熱処理により合金化し裏面接合が形成されます。

　はんだ材としては、以前は鉛（Pb）はんだが用いられていましたが、毒性の問題から鉛フリー化が検討されてきました。錫（Sn）系等のはんだ材への変更が進んでいます。

　図3-12に各種はんだ材の融点を示します。

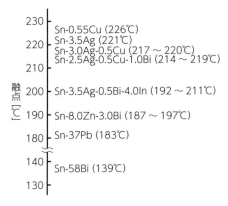

図3-12　各種はんだ材の融点

　パワーチップは通電により発熱するため、放熱が重要です。そのため、ダイボンド時にはんだ中に気泡が入ることにより形成されるボイドが大きな問題となることがあります。ボイドは熱伝導性を低下させます。ボイドの検査には、X線や超音波が用いられます。

　還元プロセスの適用により、ボイドの低減が可能です。水素中やギ酸中で処理する装置が開発されています。

3.2.5 ワイヤーボンド工程

　シリコン集積回路において、ワイヤーボンドに広く用いられているのは、直径数10μm程度の金のワイヤであり、熱圧着によりボンディングされます。

　一方、パワーデバイスには直径200～400μm程度のアルミニウムのワイヤが用いられており、超音波によりボンディングされます。

　超音波によるボンディングは非常に大きなストレスがかかります。そのため、パワーチップ表面のアルミニウム電極は、3～5μmと厚く成膜されます。

　パワーチップ表面には複数本のアルミニウムワイヤがボンディングされます。もし、ボンディング部に次のワイヤが重なってボンディングされると不良になります。

　したがって、ワイヤ間隔に余裕を持たせてボンディングする必要があります。そのため、大電流密度化に限界があります。

　トランスファーモールドタイプのIPMでは、パワーチップのみならずシリコン集積回路もチップの状態で搭載されます。

　この場合、パワーチップにはアルミニウムワイヤを用い、シリコン集積回路とスイッチングデバイスの信号入力用には金ワイヤを用いるという使い分けがなされています。

3.2.6 封止工程

　ケースタイプのモジュールではゲルによりチップを封止します。主にシリコンゲルが用いられています。

　トランスファーモールドタイプにおけるチップは、金型を用いて

モールド樹脂で封止します。モールド樹脂による成型フローを図3-13に示します。

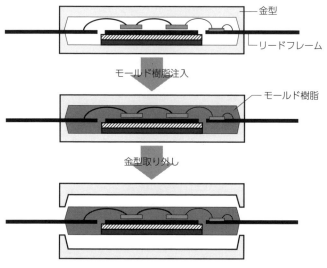

図3-13　金型を用いたトランスファーモールド成型フロー

　金型には樹脂の注入口と空気抜き口があり、一方向に注入します。樹脂封止の際は、樹脂の勢いで配線が倒れる可能性があるので、その対策が取られます。パワーデバイスでは、熱の放散が重要であり、封止樹脂中に放熱のためのフィラーを混入させています。フィラーの形状が鋭利だとフィラーがチップに刺さる危険があり、フィラーの形状制御も重要です。

　端子はリードフレームにおいてはすべてつながっています。樹脂封止後、各端子は互いに切り離され、その後曲げ加工されます。

3.3 パワーモジュール高性能化

3.3.1 高耐圧化および大電流化

図3-14は、シリコンIGBTモジュールの大容量化の変遷です。

最初に、耐圧600V、定格電流100AのIGBTが、その後1200V耐圧デバイスが開発されました。その後、耐圧は、1400V、1700V、3300V、4500V、そして6500Vと上がりました。

通常、半導体デバイス用に用いられるシリコンウェーハの厚さは、600～700μm程度です。したがって、シリコンウェーハ厚そのものを利用した場合、6000～7000V耐圧のデバイスが実現できます。

それ以上の耐圧をシリコンで達成するためには、1mm以上の厚さのウェーハが必要です。ウェーハ製造ラインの大幅な変更が必要であり、現実的ではありません。

定格電流の増大は、チップの大電流密度化によって実現されてきました。第一世代IGBTの電流密度は、100A/cm^{2}程度でした。その後、チップの微細化とトレンチゲート構造等の構造最適化により、大電流密度化されました。さらなる定格電流の増大は、チップの並列接続で達成されます。

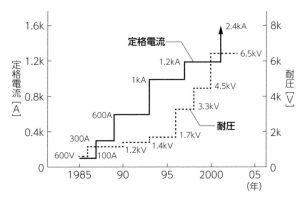

図3-14　Si-IGBTモジュールの大容量化

(1) 高耐圧化

市場投入が開始されているワイドギャップ半導体であるSiCやGaNは、Siと比較して絶縁破壊電界が10倍程度です。

したがって、1/10の厚さでシリコンパワーチップと同等の耐圧が実現でき、ワイドギャップ半導体は高耐圧化に有利です。10kV以上のパワーデバイスも視野に検討されています。

(2) 大電流化

アルミニウムのワイヤーボンドでは、大電流密度化に対しすでに限界が見えています。そのため、アルミニウムのリボンボンドや銅ワイヤが検討されています。

さらに、銅の直接接合が実用化されています。銅の直接接合は、信頼性向上にも有効です。また、両面冷却構造（図3-16参照）には必須の構造です。

大電流の交流通電を行うと、配線金属の周囲に磁界が発生し、他の配線金属間に寄生のインダクタンスが発生します。図3-15にその対策例を模式的に示します。

近接した配線金属に逆方向電流が流れるように設計すると、磁界が打ち消し合い、インダクタンスを低減することができます。

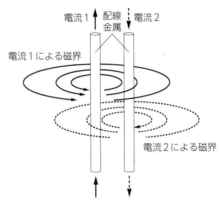

図3-15 寄生インダクタンスの低減

寄生インダクタンスの低減により、スイッチング時のリンギング（発振現象）が低減できます。IGBTであればエミッタとコレクタの電流配線を隣接させる、同一電流配線を折り返すなどの手法があります。

3.3.2 高放熱化

従来、ケースタイプ、トランスファーモールドタイプとも、パワーモジュールは裏面からのみの冷却構造を取ってきました。

図3-16に示した両面冷却は、表面側からも冷却を行うため、冷却効果が向上します。表面側の配線構造形成は、はんだを用いる場合やメッキを利用する等の開発が行われています。

両面冷却構造は水冷機構との組み合わせにより、最先端のパワーデバイスとして車載用途に用いられています。今後、さらなる新構造へとつながる技術だと考えられます。

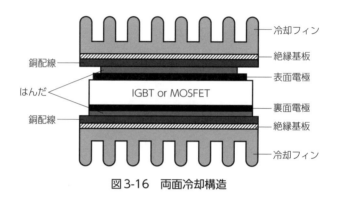

図3-16　両面冷却構造

3.3.3　高温動作化および高信頼性化

半導体の真性キャリア密度とは、熱的に発生するキャリアの密度であり、真性キャリア密度が高いとドナーやアクセプタによるキャリアの制御ができなくなります。そのため、シリコンでは200℃を超えると半導体として使用できなくなります。

一方、ワイドギャップ半導体では500℃以上でも半導体として使用可能です。

したがって、ワイドギャップ半導体を用いることにより、300～500℃で動作するパワーデバイスの実現の可能性があります。

そのような高温動作パワーデバイスでは、パワーチップ以上にパワーモジュール技術に課題があります。高温動作パワーモジュールとして、裏面接合、グリス、封止材等にブレークスルーとなる新技術が精力的に研究開発されています。

(1) 金属ナノ粒子を用いた裏面接合

はんだダイボンドに代わる技術として、金属ナノ粒子を用いた裏面接合形成技術が精力的に開発されています。図3-17に、金属ナノ粒子を用いた裏面接合形成フローを示します。

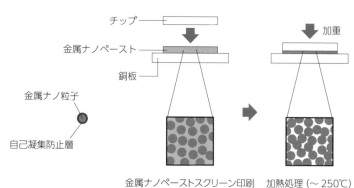

図3-17　金属ナノ粒子を用いた裏面接合技術

自己凝集防止層を形成した粒子を銅板にコーティングし、チップを搭載します。

コーティングは、スクリーン印刷または回転塗布で行います。この状態で、250〜300℃に加熱すると自己凝集防止膜およびコーティング剤が蒸発し金属のみが残ります。そして、金属同士および

接触している金属が強力に接合します。

　いったん接合が形成されると、この接合は500℃以上に温度を上げても問題なく接合状態を維持します。したがって、はんだを用いた接合と比較して、はるかに高温で安定した接合が形成できます。

　従来、銀ナノ粒子が広く検討されてきましたが、コストの問題があり、銅やニッケル (Ni) 等の他の金属ナノ粒子が検討されています。また、現状は加熱処理の際に加重をかけるのが一般的ですが、加重を印加しないプロセスも検討されています。

(2) グリスレス化

　銅ベース板とフィンの密着性を上げるため、従来グリスが用いられています。グリスは、最も高温化に弱い材料です。そのため、グリスレス化が検討されています。グリスレス化構造として、フィン一体型のベース板が検討されています。

(3) 封止材

　高温で使用するほど、温度変化に対する信頼性の確保が難しくなるため、周辺材料の熱膨張係数がますます重要になります。特に、封止材の熱膨張係数をチップの熱膨張係数に近づけることが重要です。

　シリコンの熱膨張係数は〜5×10^{-6} K^{-1}、SiCの熱膨張係数は$3.7 \sim 6.6 \times 10^{-6}$ K^{-1}です。

3.3.4 低損失化

パワーチップの低損失化には、オン時の導通損失とスイッチング時のスイッチング損失の両方を低減する必要があります。その両方の低減にワイドギャップ半導体を用いたパワーチップが期待されています。

ユニポーラデバイスであるSBDにおいては、導通損失とスイッチング損失の両方が比較的簡単に低減可能です。MOSFETもユニポーラデバイスであり、スイッチング損失は改善できます。

一方、導通損失にはチャネル移動度が関与するため、簡単に低損失化ができるわけではありません。

(1) SiCによる低損失化

図3-18にインバータにSiCデバイスを適用した場合の電力変換損失の改善効果を示します。シリコンIGBTとシリコンPNダイオードによるインバータの損失との比較で示しています。

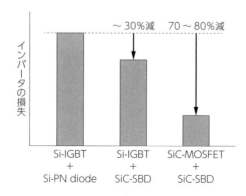

図3-18 インバータの損失比較

スイッチングデバイスにシリコンIGBTを適用して、FWDのみSiCのショットキー障壁ダイオード（Schottky Barrier Diode：SBD）を適用したインバータをハイブリッドSiCインバータと呼びます。

FWDのみSiCに変更することにより、変換効率が30％程度改善されます。これは、SiC-SBDのスイッチング損失の改善効果が主要因です。

スイッチングデバイスおよびFWDの両方にSiCを適用したインバータをフルSiCインバータと呼びます。フルSiCインバータではSiインバータと比較して、変換効率が70～80％程度改善されます。この場合も、スイッチング損失の改善効果が大きいです。

MOSFETはIGBTと異なり、ドレイン電流の通電に対ししきい値電圧を持たず、ドレイン電圧0Vから電流が立ち上がります。したがって、低電圧領域での低いオン抵抗が実現できます。

自動車用途では、低電流領域での動作が多く（発進時等）、パワーMOSFETの特性が生き、ユニポーラデバイスで大容量化が可能なSiCのメリットが発揮されます。

このような飛躍的な改善効果があるにもかかわらず、SiCの普及が進まないのは、SiCのコストがSiと比較して大幅に高いのと、供給体制が確立されていないのが原因です。特に、ウェーハ製造技術にブレークスルーが必須です。結晶育成、形状加工およびエピタキシャル成長すべてに課題があります。

(2) GaNによる低損失化

GaNは、物性値的にはSiC以上に低損失化が期待できます。しかしながら、大容量デバイスとしては、GaNの縦型デバイスが必

要です。そのためには、GaNの自立基板を製造することが不可欠です。

しかしながら、GaNの自立基板の製造は、SiC結晶以上に多くの課題があります。結晶製造技術に革新的なブレークスルーがない限り、実用化へのハードルが高いのが現状です。

(3) 酸化ガリウムによる低損失化

酸化ガリウム（Ga_2O_3）は、近年急速に注目されだしたパワーデバイス用半導体材料です。Ga_2O_3は、融液法やミストCVD法等、低コストでの結晶製造技術が確立しています。したがって、SiCと比較して大幅な低コスト化が可能です。

加えて、試作されたパワーダイオードの特性は、SiCと同等以上の性能が実現されています。

しかしながら、Ga_2O_3はP型の制御が難しく、スイッチングデバイスの実用化には課題が多い状況です。また、Ga_2O_3は低い熱伝導性に対する課題もあります。今後の技術開発が期待されます。

FWD用途として、SiのSJパワーMOSFETや後述のGaN-HEMTとの組み合わせ等のアプリケーションも考えられます。ハイブリッドモジュールとして製品化されることも予想されます。

3.3.5 高周波動作化

パワーエレクトロニクス機器からは、電力変換機器の小型化が要求されます。電力変換機器の小型化には、当然パワーモジュールの小型化が重要ですが、それと共にインダクタ（コイル）やキャパシタ（コンデンサ）等の受動素子の小型化が重要です。

GaNの高電子移動度トランジスタ (High Electron Mobility Transistor：HEMT) においては、1000〜2500 cm^2/Vsのチャネル移動度が達成できます。Si-MOSFETのチャネル移動度が数100 cm^2/Vs程度であり、SiC-MOSFETでは現状30〜50 cm^2/Vsであるのに比べると格段に大きな値です。それにより、デバイスの高速駆動が可能となります。GaN-HEMTは横型デバイスであり、大容量化は困難ですが、電源用途等の低容量デバイスであれば十分実用化可能です。

　受動デバイスであるインダクタ (インダクタンスL) およびキャパシタ (静電容量C) のリアクタンス値は、角周波数ωの正弦波交流に対してはそれぞれ「ωL」および「－1／ωC」となります。したがって、周波数を大きくすることとデバイスそのものを大きくすることは等価です。逆に言うと、同じリアクタンス値を実現しようとすると、周波数を上げて受動デバイスを小さくすることができます。したがって、動作周波数を上げることにより、システム全体の大きさ、重量を大幅に低減できます。

　高周波動作を実現するためには、インダクタやキャパシタ等の受動部品の高周波化も必要です。特に、インダクタの高周波動作化には技術開発が要求されます。一般にインダクタのインピーダンスの周波数特性は、図3-19のような特性になります。

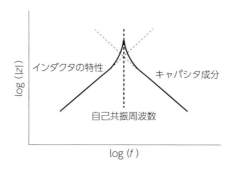

図3-19　インダクタのインピーダンスの周波数特性

　低周波ではインピーダンスは周波数とともに増加しますが、自己共振周波数を境に減少します。これは、インダクタがキャパシタとして動作しだしたためです。いかに自己共振周波数を高くできるかが、インダクタの高周波化そのものです。そのためには鉄心材料からの技術開発が必要です。

　パワーデバイスの高周波化と高周波動作可能なインダクタおよびキャパシタの実用化により、電力変換機器の飛躍的な小型化が実現できます。

コラム

生産性向上は誰のため？

　半導体の研究開発が一段落した頃、量産試作と製品の市場供給の仕事が待っていた。限られた投資設備の中で顧客に要求物量を遅滞なく納入する必要に迫られた。

　単位期間内に供給できる物量（D）は単位期間での処理能力（P）と良品率（η）の積で与えられ（$D = P \times \eta$）、単位期間での供給物量を上げるためにはPとηを大きくする必要がある。Pを大きくするには設備台数と作業員の増強が、ηを大きくするには設計見直し（回路設計およびプロセス設計含む）や生産技術向上（作業環境の清浄度向上、作業員のスキルアップ、設備の予防保全など）が不可欠である。P（一般に固定費になる）を大きくすることは直接製品のコストアップにつながるため、限られた設備台数と作業員数で生産供給せざるを得なかった。

　大きな設計変更[注]を除けばηを大きくすることは人の知恵と工夫である程度成就できる。生産グループは一丸となって要求物量をこなすべく取り組んだが、一番の問題は作業員たちの意識向上や健康上の問題であった。会社側からも手厚い配慮はあったし、リーダーである私としても作業員個々人と十分なコミュニケーションをとったつもりだったが、単純作業、長時間労働、交替勤務の連続で心身疲労が限界に達していた。

　そこで熟慮の末、作業メンバーで小集団組織を作ることにした。DとPは決まっているので我々で変えられることはηすなわち生産技術向上だけである。組織の最終目標をηの向上とした。そのためには何をなすべきか、その結果どんな良い結果が得られるかを各人で考える雰囲気を作った。往々にして組織目標はトップダウンにな

りがちだが、この場合はボトムアップにした。その結果、η の大幅なアップにつながった。η のアップは資源の無駄撲滅が最大の成果であることに違いないが、労働環境という点から考えると、その過程で得られた以下の成果も特筆すべきものであったように思う：

1) 作業者間の有機的つながりの形成（工程間の情報交換、勤務形態間の申し送り含む）
2) 一見単純作業と思われる中にも知恵と工夫を怠らない姿勢の醸成

その結果がもたらしたものは、過酷な労働が大幅に軽減されたこと、各自の努力が具体的成果として受け取れるようになったことなどであり、同時に作業員各自に笑顔が見えてきたことであった。

自分たちの知恵と工夫と努力が、自らの時間単価を上げたことになった。顧客への納期も達成でき、プロジェクト終了時には全員で喜びを分かち合った。

注) 微細化による理論取れチップ数の増大やプロセスマージンの拡大などの設計変更は開発行為に戻るため、新たな開発費計上、顧客の承認、および時間を要することになり、現実的には不可能だった。

参 考 文 献　Bibliography

■第3章
- [1] 中津欣也, 宮崎英樹, 齋藤隆一, 大貫仁,「パワーモジュールのインダクタンス成分を低減する配線実装技術」, エレクトロニクス実装学会誌, 18, pp.270-278, 2015.
- [2] 小泉雄大,「パワーエレクトロニクス機器設計における熱シミュレーション技術」, エレクトロニクス実装学会誌, 18, pp.100-103, 2015.
- [3] 繁田文雄, 堀元人, 沖田宗一,「パッケージシミュレーション技術」, 富士時報, 79, pp.369-371, 2006.
- [4]「SiC向けダイシング技術」, DISCO Technical Review, Mar. 2016.
- [5] 篠原利彰, 吉松直樹, 中島泰, 木本信義,「トランスファーモールド形大容量パワーモジュール」, 三菱電機技報, pp.325-328, 2007.
- [6] 平野尚彦, 真光邦明, 奥村知巳,「ハイブリッド自動車用インバータ　両面放熱パワーモジュール「パワーカード」」, デンソーテクニカルレビュー, 16, pp.30-37, 2011.
- [7] 平塚大祐, 佐々木陽光, 井口知洋,「パワー半導体の高温動作を可能にするダイボンド材料および焼結接合技術」, 東芝レビュー, 70, pp.46-49, 2015.
- [8] 人羅俊実, 金子健太郎, 藤田静夫,「パワーデバイス用Ga_2O_3結晶」, 電気学会誌, 137, pp.693-696, 2017.

パワーデバイスの測定

Chapter: 4
Measurement

4.1 デバイス特性の定義
4.2 チップテスト
4.3 モジュールテスト

4.1 デバイス特性の定義

IGBTを例に定格表を説明します。

表4-1は絶対最大定格の例です。

パワーデバイスを安全に使用するために規定された使用限度です。この絶対最大定格を瞬時でも超えると、パワーデバイスは劣化や破壊にいたる可能性があります。

表4-1 絶対最大定格

用語	記号	定義
コレクタ・エミッタ間電圧	V_{CES}	コレクタ・エミッタ間に印加できる電圧の最大値
ゲート・エミッタ間電圧	V_{GES}	ゲート・エミッタ間に印加できる電圧の最大値
コレクタ電流	Ic	コレクタ端子に許容される電流の最大値
ジャンクション温度	Tj	問題なく動作できる最大ジャンクション温度
保存温度	Tstg	保存できる温度範囲

用語、記号、定義はデバイスの種類および製造メーカーによって異なることがあります。

4.1.1 静特性

表4-2は静特性の例です。

表4-2 静特性

用語	記号例	定　義
コレクタ漏れ電流	I_{CES}	ゲート・エミッタ間をショートし、コレクタ・エミッタ間に指定の電圧を印加したときのコレクタ電流
ゲート漏れ電流	I_{GES}	コレクタ・エミッタ間をショートし、ゲート・エミッタ間に指定の電圧を印加したときのゲート電流
しきい値電圧	$V_{GE(th)}$	コレクタ・エミッタ間に指定の電圧を印加し、指定のコレクタ電流となるゲート・エミッタ間電圧
コレクタ・エミッタ間飽和電圧	$V_{CE(sat)}$	ゲート・エミッタ間に指定の電圧を印加し、指定のコレクタ電流におけるコレクタ・エミッタ間電圧
入力容量	Cies	ゲート・エミッタ間の静電容量
出力容量	Coes	コレクタ・エミッタ間の静電容量
帰還容量	Cres	ゲート・コレクタ間の静電容量
ダイオード順電圧	VF	内蔵ダイオードに指定の順方向電流を流したときの電圧降下

用語、記号、定義はデバイスの種類および製造メーカーによって異なることがあります。

4.1.2 動特性

表4-3は動特性の例です。

表4-3 動特性

用語	記号	定義
ターンオン遅延時間	td (on)	ゲート電圧が上昇してから、コレクタ電流が指定の値に上昇するまでの時間
ターンオフ遅延時間	td (off)	ゲート電圧が下降してから、コレクタ電流が指定の値に下降するまでの時間
立ち上り時間	tr	コレクタ電流が指定の値まで上昇した時点から、別の指定の値に上昇するまでの時間
立ち下り時間	tf	コレクタ電流が指定の値まで下降した時点から、別の指定の値に下降するまでの時間
ターンオン損失エネルギー	Eon	ターンオン開始からコレクタ・エミッタ間電圧が指定された値に達するまでの間に発生するコレクタ損失の積分値
ターンオフ損失エネルギー	Eoff	ターンオフ開始からコレクタ・エミッタ間電圧が指定された値に達するまでの間に発生するコレクタ損失の積分値

用語、記号は製造メーカーによって異なることがあります。

4.2 チップテスト

　図4-1のように、パワー半導体チップの表面電極（エミッタ、ゲート）にはプローブ（針）をあて、裏面電極（コレクタ）は試料台に接触させ、各電極間に電気的バイアスをかけることでパワーデバイスを評価します。主に静特性を取得できます。諸特性の温度依存

を測定するときは、試料台の温度を調整します。

図4-1　チップテスト

図4-2は静特性測定回路の例です。動作は以下のとおりです。

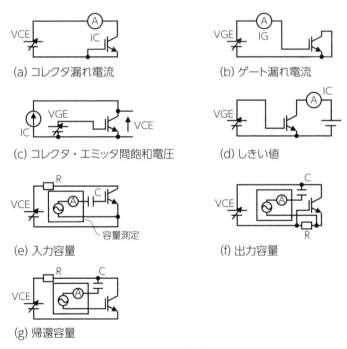

図4-2　静特性の測定回路例

以下はIGBTの例です。MOSFETの場合、コレクタをドレイン、エミッタをソースと読み替えることで同様に特性を取得できます。

(a) コレクタ漏れ電流

IGBTのゲートとエミッタを短絡し、コレクタ・エミッタ間に高電圧VCEをかけたときのコレクタ電流ICを測定します。

(b) ゲート漏れ電流

IGBTのコレクタとエミッタを短絡し、ゲート・エミッタ間に電圧VGEをかけたときのゲート電流IGを測定します。

(c) コレクタ・エミッタ間飽和電圧

ゲート・エミッタ間に電圧VGEをかけ、コレクタ電流ICとコレクタ・エミッタ間電圧の関係を測定します。図4-3は測定結果の例です。

(d) しきい値

コレクタ・エミッタ間に固定電圧VCE（例えば＋10V）をかけ、ゲート・エミッタ間電圧VGEを0から正方向に変化させて、コレクタ電流ICが流れ始めるVGEを測定します。

(e) 入力容量

コレクタ・エミッタ間に抵抗Rを介してバイアス電圧VCEをかけ、ゲート・エミッタ間の容量を測定します。Rは高周波をブロックするためのインピーダンス、Cは低周波をブロックするためのアドミタンスです（(f)と(g)も同様）。

(f) 出力容量

コレクタ・エミッタ間にRを介してバイアス電圧VCEをかけ、コレクタ・エミッタ間の容量を測定します。

(g) 帰還容量

コレクタ・エミッタ間にRを介してバイアス電圧VCEをかけ、コレクタ・ゲート間の容量を測定します。

図4-4は接合容量測定結果の例です。

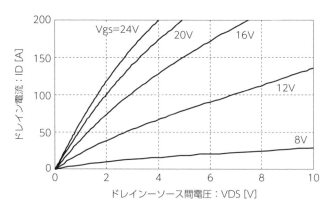

図4-3　飽和電圧測定結果例

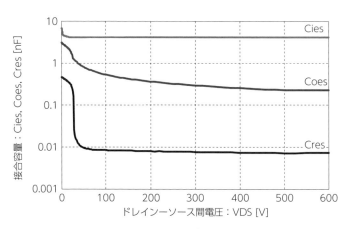

図4-4　接合容量測定結果の例

4.3 モジュールテスト

図4-5はIGBTパワーモジュールの構造例です。IGBTチップとダイオードチップ、DBC (Direct Bonded Copper) 基板、ベースプレートの3層構造で、それぞれをはんだで接合しています。

静特性の測定はチップテストと同様の方法で行います。

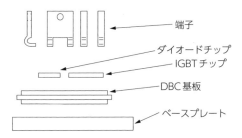

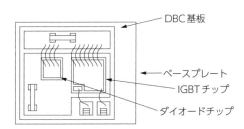

図4-5　IGBTパワーモジュールの構造例

4.3.1 熱抵抗、熱容量

パワーデバイスに損失 P_d を発生させて、そのときの各部の温度測定値から熱抵抗を算出します。

P_d を発生させているときのデバイスジャンクション温度を T_j、ベースプレート下面温度を T_c、周囲温度を T_a とした場合、熱抵抗は以下の数式で表すことができます。

$$\theta_{j-c} = \frac{T_j - T_c}{P_d} \qquad (4.1\,式)$$

$$\theta_{j-a} = \frac{T_j - T_a}{P_d} \qquad (4.2\,式)$$

熱抵抗を求めるためにはデバイス温度を知る必要があります。温度の測定方法は以下の方法があります。

・表面温度測定（非接触測定）
通電中のデバイス表面をサーモカメラなどを用いて温度を測定します。
・表面温度測定（接触測定）
通電中のデバイスに極細の熱電対を接触させて温度を測定します。
・デバイス特性の温度依存性から算出
あらかじめ、通電時のデバイスの電圧降下とデバイス温度の関係を測定して求めておくことによって、通電中のデバイスの電流と電圧降下から温度を算出します。

4.3.2 ダブルパルス試験

ダブルパルス試験はパワーデバイスのスイッチング特性を評価する方法です。

図4-6の回路を組み、図4-7のようにIGBTを2回オンさせます。そのときのT_2期間の測定波形から動特性を取得します。

電流はT_1期間のオン幅に依存し、以下の数式で表すことができます。

$$I_C = V_{DC} \cdot T_1 / L \qquad (4.3式)$$

図4-8はT2期間のスイッチング波形です。波形から、動特性値を読み取ります。

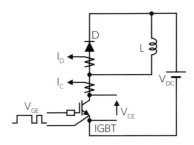

図4-6　ダブルパルス試験回路

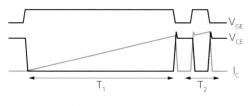

図 4-7　ダブルパルス試験

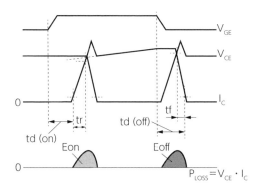

図 4-8　スイッチング波形と動特性

コラム　　　　　　　　　　　　　　Column

社内表彰制度

　どの企業にも様々な形での社内表彰制度というものがある。自分がかつて勤務していた職場にもいくつかの表彰制度があったが、現場レベルの日常業務を対象とした改良工夫や改善提案は日本企業に特有の表彰制度かもしれない。日々の努力や工夫を惜しまない日本の国民性にぴったりの制度だと思う。

　入社して間もない頃は薄給のため、工夫や提案で得た賞金は有難かった。せっせと賞金稼ぎをしたものである。ところが後になって振り返ってみると、賞金以上のものを手にした気がしている。日々の生活の中で工夫することやムダをなくすことが知らず知らずに身についていたのである。

　改良工夫や改善提案は個人の作業内からだけでなく、集団作業での課題から生まれることも多い。その点から関連する作業者が集まった小集団活動は意味がある。自分で気がつかなかった課題を相互に出し合うことで、部分最適から全体最適へと向かう。小集団活動で得られた賞金は集団活動の懇親会費の足しにしたりした。

参考文献 Bibliography

■第4章

[1] 富士電機 IGBT モジュールアプリケーションマニュアル, https://www.fujielectric.co.jp/products/semiconductor/model/igbt/application/
[2] 三菱電機 半導体・デバイス：アプリケーションノート, http://www.mitsubishielectric.co.jp/semiconductors/products/powermod/note/index.html
[3] 東芝アプリケーションノート, https://toshiba.semicon-storage.com/jp/design-support/document/application-note.html

パワーデバイスの応用

Chapter: 5
Application

5.1 パワーデバイスの応用回路
5.2 整流回路
5.3 DC-DC コンバータ
5.4 インバータ
5.5 その他の応用回路と関連事項

5.1 パワーデバイスの応用回路

　パワーデバイスは主に整流回路、DC-DCコンバータ、インバータに使われています。それらの回路と働きを図5-1に示しています。

　整流回路とDC-DCコンバータが組み合わされ、スイッチング電源（スイッチングレギュレータ）として、いろいろな電気・電子機器に使われています。また、整流回路とインバータが組み合わされ、モーターを使用しているルームエアコン、冷蔵庫、洗濯機などの家電製品をはじめとして、電気自動車、ハイブリッド車、エレベータ、その他の機器に広く使われています。

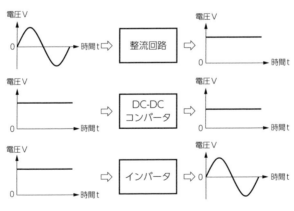

図5-1　パワーデバイスの応用回路と役目

5.2 整流回路

単相整流回路を図5-2に、三相整流回路を図5-3に示します。それらの回路はダイオードを使用していますが、ダイオードをサイリスタに置き換えた位相制御形整流回路もあります。

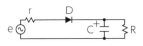

(a) 半波整流回路

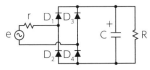

(b) 全波(ブリッジ)整流回路

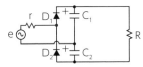

(c) 倍電圧整流回路

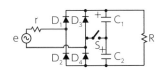

(b) 100V/200V 切替え付整流回路

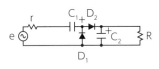

(e) 半波倍電圧整流回路

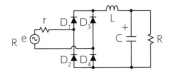

(f) チョークインプット形
　　全波(ブリッジ)整流回路

図5-2　単相整流回路

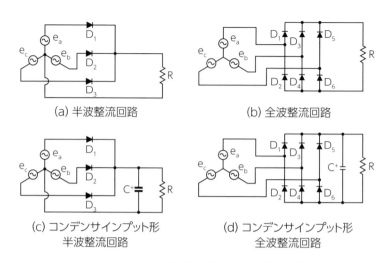

(a) 半波整流回路　　(b) 全波整流回路

(c) コンデンサインプット形　　(d) コンデンサインプット形
　　半波整流回路　　　　　　　　全波整流回路

※図(c)と図(d)はインラッシュ電流防止抵抗 r を省略しています。

図 5-3　三相整流回路

　単相整流回路は一般的にコンデンサインプット形整流回路（図 5-2 (a) 〜 (e)）が使われますが、以下のような特徴があります。

① 力率が全波整流回路で 0.6 程度と低く、交流入力電流の実効値が大きい。

② 交流入力電流がひずみ、基本波の他に、基本波周波数の奇数次の周波数を持った高調波電流が発生します。図 5-4 に動作波形を示しています。高調波電流を少なくするためには、図 5-2 (f) に示すようにチョークコイルを挿入するか、整流回路の後に力率改善 (PFC：power factor correction) 回路を付ける必要があります。

③ 突入電流が大きい。そのためにインラッシュ電流防止抵抗 r を設けています。

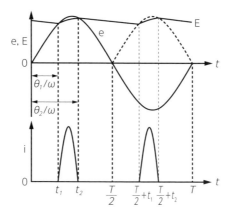

e：交流電圧、E：出力電圧（コンデンサCの両端電圧）、i：整流電流

**図5-4　コンデンサインプット形全波（ブリッジ整流）回路
（図5-2 (b)）の動作波形**

　コンデンサインプット形整流回路の中で最も広く使われているのが、全波整流（ブリッジ整流）回路と倍電圧整流回路です。

　コンデンサインプット形全波整流回路の出力電圧（平滑コンデンサCの電圧の平均値）E_Cは以下の式で与えられます。倍電圧整流回路では、この電圧の約2倍の出力電圧を出すことができ、エアコンディショナ等に使われています。

$$E_C = \frac{E_m}{\pi} \cdot \frac{R}{(r+R)^2 + (\omega CrR)^2}$$
$$[\omega\tau \cos(\theta_1 + \beta)(1 - \varepsilon^{-\frac{\theta_2 - \theta_1}{\omega\tau}}) - \sin(\theta_2 + \beta)]$$
$$+ \frac{E_m}{\pi}[\omega\tau \sin\theta_1(1 - \varepsilon^{-\frac{\theta_2 - \theta_1}{\omega\tau}}) + \omega CR(\sin\theta_2 - \sin\theta_1)]$$

(5.1式)

ただし、E_m：交流電圧の振幅、$\tau = C\left(\dfrac{rR}{r+R}\right)$、$\beta = tan^{-1}\left(\dfrac{1}{\omega\tau}\right)$ です。

インラッシュ電流防止抵抗 r が十分に小さく、これを短絡と考えると、出力電圧 E_C 次のように近似することができます。

$$E_C = \frac{E_m}{\pi}[cos\theta_1 - cos\theta_2 + \omega CR(sin\theta_2 - sin\theta_1)]$$

(5.2式)

5.3　DC-DCコンバータ

5.3.1　動作原理と代表的な回路方式

DC-DCコンバータは制御回路および発振器と組み合わされ、スイッチングレギュレータとして使われます。

出力電圧はDC-DCコンバータのスイッチQの時比率[※1]もしくは動作周波数を制御し、一定に保たれます。これらはパルス幅制御（PWM：pulse width modulation）方式および周波数制御（FM：frequency modulation）方式[※2]といいます。

[※1]　時比率 $D = T_{on}/T$、T_{on}：スイッチQのオン期間、T：1周期間
[※2]　パルス周波数制御方式（PFM：pulse frequency modulation）ともいいます。

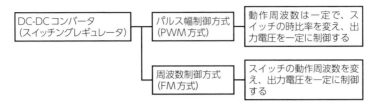

図5-5　DC-DCコンバータの制御方式

　代表例として降圧形コンバータの構成を図5-6に、また、その動作を図5-7に、動作波形を図5-8に示します。

　図5-7においてスイッチQがオンすると、コイルの両端には$(E_i - E_o)$なる電圧が加えられることになり、時間に対して直線的に増加する電流が流れます。

$$i_L(0 \sim t_1) = \frac{E_i - E_o}{L}t \qquad (5.3式)$$

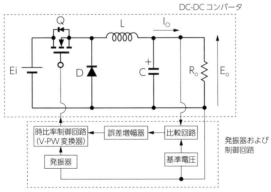

Q：スイッチ、D：ダイオード、L：コイル、C：出力コンデンサ、R_o：出力抵抗（負荷抵抗）、E_i：入力電圧、E_o：出力電圧、I_o：出力電流（負荷電流）

図5-6　降圧形コンバータの構成

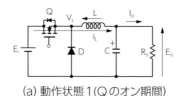 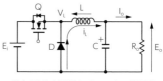

(a) 動作状態1(Qのオン期間)　　(b) 動作状態2(Qのオフ期間)

i_L：コイル電流、V_L：コイルに発生する電圧

図5-7　降圧形コンバータの動作

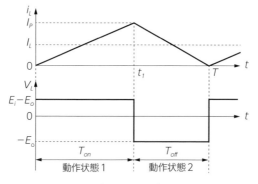

図5-8　降圧形コンバータの動作

その後、コイルを流れる電流i_Lは時刻t_1に最大値I_Pになり、コイルには$LI_P^2/2$なるエネルギーが蓄えられます。スイッチQがオフすると、コイル電流が同じ向きに流れ続けるようにダイオードDが導通し、コイル電流i_LはダイオードDを通って流れ、時間に対して直線的に減少し時刻Tでゼロになります。

$$i_L(t_1 \sim T) = I_P - \frac{E_o}{L}(t - t_1) \qquad (5.4式)$$

一周期間を見たときに、スイッチがオン期間にコイルに蓄えられるエネルギーはオフ期間に放出されるエネルギーに等しく、この関係から出力電圧E_oを求めることができます。

ただし、スイッチのオン期間をT_{on}、オフ期間をT_{off}、コイルを流れる電流の平均値をI_Lとします。

$$(E_i - E_o) I_L T_{on} = E_o I_L T_{off} \qquad (5.5式)$$

これより、出力電圧E_oは

$$E_o = \frac{T_{on}}{T} E_i = DE_i \qquad (5.6式)$$

ただし、$D = T_{on}/T$です。

となり、時比率Dに比例して図5-9のように変化します。

この特性を利用すれば、入力電圧や出力電流が変動しても、時比率Dを制御することにより、出力電圧を一定に保つことができます。これがDC-DCコンバータを使用したスイッチングレギュレータの原理になります。

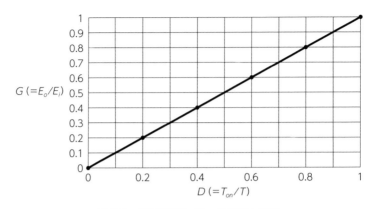

図5-9　降圧形コンバータの出力特性

　図5-6において、出力電圧が基準電圧と比較され、誤差があれば誤差電圧が時比率制御回路（電圧－パルス幅変換回路：V-PW変換回路）に送られます。その結果、DC-DCコンバータの時比率Dが誤差電圧に基づいて変化し、出力電圧を一定にします。

　以上で説明したのはパルス幅制御方式のスイッチングレギュレータですが、この他に周波数制御方式があります。
　周波数制御方式ではスイッチの動作周波数を制御し、出力電圧を一定にします。
　図5-10に、電圧共振形コンバータと電流共振形コンバータを使用した周波数制御方式のスイッチングレギュレータの構成を、図5-11にリンギングチョーク形コンバータを使用した周波数制御方式のスイッチングレギュレータの構成を示します。
　なお、図5-11の回路は自励式であり発振器が付いていませんが、オン・オフの動作を繰り返します。

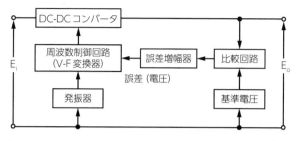

図5-10　周波数制御方式のスイッチングレギュレータの構成 (1)

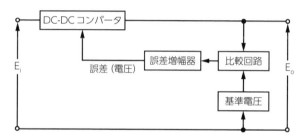

図5-11　周波数制御方式のスイッチングレギュレータの構成 (2)

また、周波数制御方式には、主に以下のような制御方法があります。
① スイッチのオフ期間を一定にし、オン期間を変えます。動作周波数と時比率が変化します。
② スイッチのオン期間を一定にし、オフ期間を変えます。動作周波数と時比率が変化します。
③ スイッチのオン期間とオフ期間の比率を一定にし、動作周波数を変えます。時比率は変化しません。

①は電圧共振フライバック形コンバータに、③は電流共振形コンバータに使われています。負荷電力が一定のときは、リンギングチョークコンバータも①の動作となりますが、負荷電力が変動すると、それに反比例して動作周波数が変化します。

DC-DCコンバータの代表的な回路方式を表5-1に示します。

非絶縁形のチョッパ方式コンバータは、DC-DCコンバータの基本となる回路であり、パルス幅制御方式で出力電圧を一定にします。一般的に直流電圧を変換するコンバータとして使われています。

絶縁形矩形波コンバータはリンギングチョーク形を除いて、パルス幅制御方式になっています。その内のフォワード形は非絶縁の降圧形を絶縁したものであり、フライバック形は昇降圧形を絶縁し、出力電圧を正電圧にした回路構成になっています。基本的な動作は、それぞれ降圧形、昇降圧形に同じになります。

共振形コンバータは電流共振形、電圧共振形、部分共振形に分けることができ、周波数制御により出力電圧を一定に保ちます。絶縁形は電気・電子機器のメイン電源となるスイッチングレギュレータとして使用され、トランスの一次側と二次側を絶縁する働きもしています。

これらのコンバータを使用したスイッチングレギュレータと、以前に使われていたシリーズレギュレータとの比較を表5-2に示します。

スイッチングレギュレータは、損失が少なく効率が高いという特徴があり、小形・軽量であるために小さなスペースに置くことができます。また、出力電圧を容易に絶縁することができ、現在では、いろいろな電気・電子機器に使われています。

表5-1 スイッチングコンバータの代表的な回路方式

			スイッチ素子数	制御方式
矩形波コンバータ	非絶縁形チョッパ方式	降圧形 (buck形, カレントステップアップ形)	1	PWM
		昇圧形 (boost形, ボルテージステップアップ形)		
		昇降圧形 (buck-boost形, 極性反転形)		
	絶縁形	リンギングチョーク形 (RCC, 自励式フライバック形)	1	FM
		フライバック形 (オンオフ形, 他励式フライバック形)	1	PWM
		フォワード形 (オンオン形)		
		プッシュプル形 (センタータップ形)	2	
		ハーフブリッジ形		
		フルブリッジ形	4	
共振形コンバータ	絶縁形	電流共振形	2	FM
		電圧共振形	1	
		部分共振形	1	

PWM：パルス幅制御方式、FM：周波数制御方式

表5-2 シリーズレギュレータとスイッチングレギュレータの比較

	シリーズレギュレータ	スイッチングレギュレータ
効率	低い 30〜80%程度	高い 85〜97%程度
大きさ・重さ	大きい・重い	小さい・軽い
部品点数	少ない	多い
安定性	良好	普通(シリーズレギュレータより劣る)
ノイズ	ない	放射・伝導ノイズともに大きい
出力電圧	入力電圧以下	入力電圧以上も可能
出力インピーダンス	小さい	シリーズレギュレータより大きい
出力リプル電圧	小さい(10mV以下)	大きい(大きさは出力電流と出力コンデンサのインピーダンスで違ってきます)
過渡応答速度	早い	シリーズレギュレータより遅い(応答時定数:降圧形で200μs程度)
AC入力電圧のワイドレンジ対応	困難	可能
信頼性	部品点数が少なく、高い	普通(部品点数が多い分シリーズレギュレータより劣る)
絶縁	困難(大きな電源トランスが必要になる)	容易

5.3.2 チョッパ方式コンバータ

チョッパ方式非絶縁形コンバータの3方式とその構成を図5-12に示します。

5.3 DC-DCコンバータ

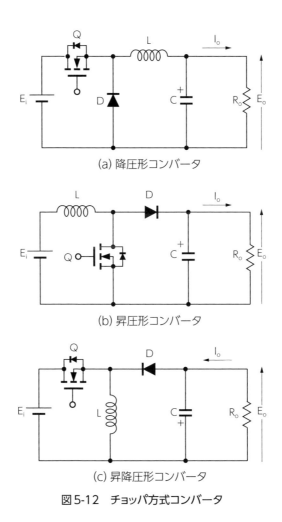

(a) 降圧形コンバータ

(b) 昇圧形コンバータ

(c) 昇降圧形コンバータ

図5-12　チョッパ方式コンバータ

　この方式のコンバータはパルス幅制御で動作しており、スイッチQの時比率D（$D = T_{on}/T$）を変えることにより出力電圧を一定にします。

降圧形コンバータ、昇圧形コンバータ、昇降圧形コンバータの3つの方式があり、各方式について出力電圧とスイッチに加わる電圧を表5-3に、出力特性を図5-13に示します。出力電圧は降圧形コンバータでは入力電圧よりも低く、昇圧形コンバータでは入力電圧よりも高くなります。昇降圧形コンバータでは、入力電圧と逆極性で、入力電圧よりも低い電圧と高い電圧を出力することができます。また、スイッチに加わる電圧は、降圧形では入力電圧に等しく、昇圧形コンバータと昇降圧形コンバータでは高くなります。

表5-3　チョッパ方式コンバータの出力電圧とスイッチ電圧

	降圧形コンバータ	昇圧形コンバータ	昇降圧形コンバータ
出力電圧	$E_0 = DE_i$	$E_0 = \dfrac{1}{1-D} E_i$	$E_0 = -\dfrac{D}{1-D} E_i$
スイッチ電圧	$V_{QP} = E_i$	$V_{QP} = \dfrac{1}{1-D} E_i$	$V_{QP} = \dfrac{1}{1-D} E_i$

E_i：入力電圧、D：時比率、$D = T_{on}/T$

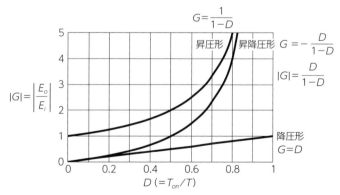

昇降圧比 $G =$（出力電圧 E_o）/（入力電圧 E_i）

図5-13　チョッパ方式コンバータの出力特性

それぞれのコンバータの特徴と主な用途を以下に示します。

(降圧形)
・出力電圧は入力電圧より低い電圧になります。
・出力電流は入力電流より大電流になります。
・入力電圧と出力電圧は同一極性になります。
・スイッチには入力電圧と同じ電圧がかかります。
・出力インピーダンスが低く、出力電圧に含まれるリプル電圧が小さい。出力が低電圧・大電流のコンバータに適しています。
・12Vバッテリから5Vを取り出す場合、メインコンバータの二次側出力電圧である高電圧から低電圧を作るときやPOL (point of load) 電源として使われています。

(昇圧形)
・出力電圧は入力電圧より高い電圧になります。
・出力電流は入力電流より小電流になります。
・入力電圧と出力電圧は同一極性になります。
・スイッチには出力電圧と同じ高い電圧がかかります。
・出力インピーダンスが高く、出力電圧に含まれるリプル電圧が大きい。
・5Vを12Vに昇圧する場合など、昇圧形力率改善 (PFC) 回路、ハイブリッド自動車や電気自動車の昇圧コンバータとして使用されています。

(昇降圧形)
・極性反転形ともいわれ、入力電圧と逆極性の出力電圧を取り出すことができます。

- 出力電圧は入力電圧よりも低い電圧、高い電圧ともに取り出すことができ、出力電圧の範囲が非常に広い。
- スイッチには高電圧が加わります。
- 出力インピーダンスが高く、出力電圧に含まれるリプル電圧が大きい。
- 電池などの正電圧から負電圧を作る場合などに使われています。

5.3.3 矩形波コンバータ

矩形波コンバータとその構成を図5-14と図5-15に示します。

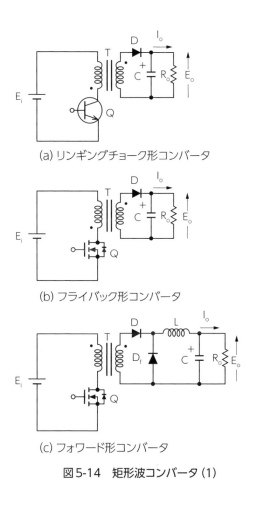

(a) リンギングチョーク形コンバータ

(b) フライバック形コンバータ

(c) フォワード形コンバータ

図5-14　矩形波コンバータ (1)

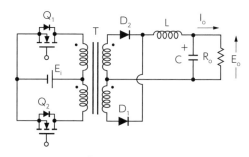

(d) プッシュプル形コンバータ

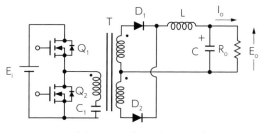

(e) ハーフブリッジ形コンバータ

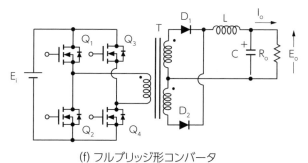

(f) フルブリッジ形コンバータ

図5-15　矩形波コンバータ (2)

　矩形波コンバータの内、リンギングチョーク形コンバータは周波数制御で動作しており、動作周波数を変えることで出力電圧を一定にします。

例えば入力電圧が下がると、スイッチのオン時間が延び出力電圧を一定にします。その結果、動作周波数が低下します。この意味において、リンギングチョーク形コンバータは周波数制御方式になります。

　これ以外の矩形波コンバータはパルス幅制御で動作しており、時比率Dを変えることにより出力電圧を一定にします。その中で、フライバック形コンバータは昇降圧形コンバータのコイルをスイッチングトランスに変更し絶縁したものであり、基本的な動作原理は昇降圧形コンバータに同一です。

　ただし、出力電圧はトランスの極性を反転しているために昇降圧形コンバータとは異なり正極性の電圧であり、そのときの出力電圧は時比率Dとトランスの巻線比n (n = N_1/N_2) で決まります。

　リンギングチョーク形コンバータ、フライバック形コンバータともにスイッチがオンしている期間にトランスに電磁エネルギーを蓄積し、それをオフ期間に二次側に放出することにより電力を負荷に供給しています。

　このためにあまり大きな電力を供給することはできず、リンギングチョーク形コンバータで150W程度、フライバック形コンバータで250W程度が限度です。

　フライバック形コンバータは動作周波数が固定であるためにリンギングチョーク形コンバータよりも大きな出力電力を取ることができます。スイッチにはともに高い電圧が加わるために、高耐圧のトランジスタが必要になります。

　表5-4にリンギングチョーク形コンバータ、フライバック形コンバータおよび後述するフォワード形コンバータの出力電圧とスイッチに加わる電圧を示します。

表5-4　矩形波コンバータの出力電圧とスイッチ電圧 (1)

	リンギングチョーク形コンバータ	フライバック形コンバータ	フォワード形コンバータ
出力電圧	$E_0 = \dfrac{D}{1-D} \cdot \dfrac{E_i}{n}$	$E_0 = \dfrac{D}{1-D} \cdot \dfrac{E_i}{n}$	$E_0 = D \cdot \dfrac{E_i}{n}$
スイッチ電圧	$V_{QP} = \dfrac{1}{1-D} E_i$	$V_{QP} = \dfrac{1}{1-D} E_i$	大きなキックバック電圧が発生する

E_i：入力電圧、D：時比率、$D = T_{on}/T$、n：巻線比、$n = N_1/N_2$、キックバック電圧：トランスに発生する逆起電力

　フォワード形コンバータは降圧形コンバータを絶縁したものであり、基本的な動作原理は降圧形コンバータに同一です。
　スイッチQがオンすると、トランスTとダイオードDを通して二次側に電力が供給されます。このときの出力電圧は、時比率Dとトランスの巻線比nで決まります。
　なお、スイッチがオフするとトランスにキックバック電圧と呼ばれる大きな逆起電力が発生します。このために、トランススナバなどのキックバック電圧を吸収するスナバ回路が必要になります。出力電力は数十Wから1.5kW程度まで広範囲に対応が可能です。
　プッシュプル形コンバータとハーフブリッジ形コンバータはスイッチが2石になっており、半周期間ごとにQ_1とQ_2が交互にオンするために、フォワード形コンバータの動作が1周期間に2回行われることになります。
　このために、フォワード形コンバータより大きな出力電力を取ることができます。
　また、フルブリッジ形コンバータではスイッチが4石になっているために、プッシュプル形コンバータやハーフブリッジ形コンバー

タよりさらに大きな出力電力を取ることができます。

　Q_1 と Q_4、Q_2 と Q_3 が組になっており、Q_1 と Q_4、Q_2 と Q_3 が交互にオンしトランスの二次側に電力を供給します。プッシュプル形コンバータではスイッチに加わる電圧は入力電圧の2倍と高いために、入力電圧が低いときにしか使えません。

　入力電圧が高いときはハーフブリッジ形コンバータまたはフルブリッジ形コンバータを使います。どちらを使うかは出力電力で決めます。

　ハーフブリッジ形コンバータの出力電力の限度を超えるときは、フルブリッジ形コンバータを使います。なお、この3方式の出力電力は、一般的に数百Wから数KWまで対応が可能です。

　表5-5にプッシュプル形コンバータ、ハーフブリッジ形コンバータ、フルブリッジ形コンバータの出力電圧とスイッチに加わる電圧を示します。

表5-5　矩形波コンバータの出力電圧とスイッチ電圧 (2)

	プッシュプル形コンバータ	ハーフブリッジ形コンバータ	フルブリッジ形コンバータ
出力電圧	$E_0 = 2D \cdot \dfrac{E_i}{n}$	$E_0 = D \cdot \dfrac{E_i}{n}$	$E_0 = 2D \cdot \dfrac{E_i}{n}$
スイッチ電圧	$V_{QP} = 2E_i$	$V_{QP} = E_i$	$V_{QP} = E_i$

E_i：入力電圧、D：時比率、$D = T_{on}/T$、n：巻線比、$n = N_1/N_2$

5.3.4 共振形コンバータ

共振形コンバータでは、共振させることにより波形を正弦波状にし、電圧または電流がゼロのところで、スイッチをターンオンまたはターンオフさせます。

図5-16を参照してください。この動作をZVS (zero voltage switching) またはZCS (zero current switching) といいますが、スイッチング損失を大幅に小さくすることができます。

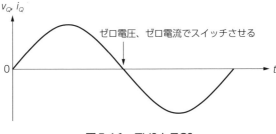

図5-16　ZVSとZCS

図5-17はスイッチングトランスを抵抗に置き換えたときの抵抗負荷において、矩形波コンバータがターンオン・ターンオフするときのスイッチの電圧－電流の軌跡を示したものです。

また、図5-18は、同様に抵抗負荷において、共振形コンバータがターンオン・ターンオフするときのスイッチの電圧－電流の軌跡を示したものです。V_{QP}とI_{QP}は電圧・電流の最大値を示します。

矩形波コンバータでは、ターンオン・ターンオフするときの電圧－電流の軌跡の内側の面積はともに大きく、スイッチには大きな損失が発生します。一周期間では、内側の面積の2倍に相当する損失

が発生します。

共振形コンバータでは、スイッチをZVSまたはZCSさせることにより、電圧－電流の軌跡の内側の面積を小さくし、スイッチの損失を非常に小さくすることができます。

その結果、スイッチング損失が大幅に減少し、動作周波数を上げ、スイッチングコンバータを小形化できるようになりました。

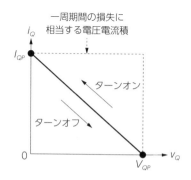

図5-17　矩形波コンバータの抵抗負荷におけるスイッチの電圧―電流の軌跡

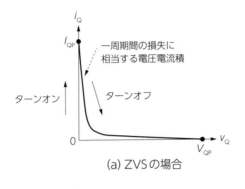

(a) ZVSの場合

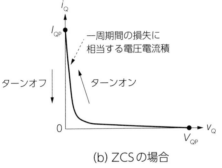

(b) ZCSの場合

図5-18　共振形コンバータの抵抗負荷におけるスイッチの電圧―電流の軌跡

　電流共振形コンバータは、図5-19 (a) に示す構成になっています。電圧共振を利用して、スイッチQ_1とQ_2をZVSさせています。
　また、スイッチがオンしている期間は励磁電流i_eが電流共振をしており、スイッチの動作周波数を変えることで出力電圧を制御しています。このことから、SMZ (soft-switched multi-resonant zero-cross) コンバータとも呼ばれています。
　一次回路はハーフブリッジ構成になっており、2つのスイッチQ_1とQ_2の接続点とアース間に、トランスの一次巻線と電流共振コンデンサC_iが直列に接続されています。

また、電圧共振コンデンサC_Vが、トランスの一次巻線と電流共振コンデンサの直列回路に並列に配置されています。二次回路は全波整流回路になっています。スイッチQ_1とQ_2を交互に時比率0.5でオン・オフさせて、二次側に電力を供給します。

　トランスの一次自己インダクタンスL_1と電流共振コンデンサC_iが共振し、励磁電流i_eが正弦波になります。図5-19 (a) のi_e波形を見てください。出力電圧は、時比率を一定にしたまま、動作周波数を変えることにより一定に制御しています。

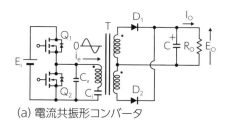
(a) 電流共振形コンバータ

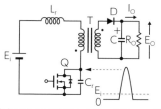
(b) 電圧共振フライバック形コンバータ

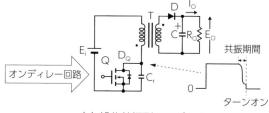
(c) 部分共振形コンバータ

図5-19　共振形コンバータ

出力特性 (動作周波数に対する昇降圧比Gの変化、G＝(出力電圧V_o)／(入力電圧V_i)) は図5-20のようになります。この特性を利用して、出力電圧が周波数制御されます。

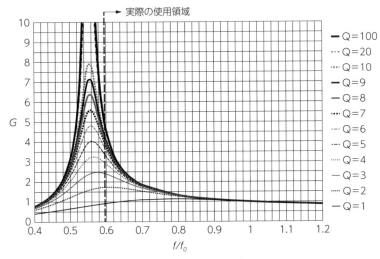

G：昇降圧比、f：動作周波数、f_o：共振周波数

$$f_0 = \frac{1}{2\pi\sqrt{L_S C_i}}, \quad Q = R_{o-AC}\sqrt{\frac{C_i}{L_S}}, \quad L_S = L_{S1} + \frac{L_P L_{S1}}{L_P + L_{S1}}$$

R_{o-AC}：交流負荷抵抗、L_{S1}：リーケージインダクタンス、
L_P：励磁インダクタンス、C_i：電流共振コンデンサ

図5-20　電流共振形コンバータの出力特性 ($L_{S1}／L_P＝0.2$の場合)

電圧共振形コンバータは図5-19 (b) に示す構成になっています。スイッチのオフ期間に共振コンデンサC_rと共振コイルL_rが共振し、スイッチには正弦波の大きな共振電圧が発生します。

トランスの一次巻線には、共振電圧から入力電圧E_iを差し引いた電圧が加えられることになり、二次側にも共振電圧である正弦波

電圧が発生します。この正弦波電圧をピーク整流し、負荷に加えます。共振している期間は固定されており、スイッチがオンしている期間を変えて、周波数制御により出力電圧を一定に制御します。電圧共振形コンバータのために、スイッチはターンオンおよびターンオンする際にZVSします。

なお、一般的にはトランスのリーケージインダクタンスが共振コイルL_rとして使われます。

電圧共振形コンバータの出力特性を求めると、図5-21のようになります。この特性を利用して、出力電圧が周波数制御されます。

電圧共振フライバック形コンバータは、スイッチに高い正弦波電圧が加わるために、高耐圧の素子が必要になります。高耐圧になると素子のオン抵抗が増加し、ZVSしているにもかかわらずスイッチの損失が増加し、効率が下がってしまうことになります。

耐圧が高く、しかもオン抵抗が低く、速度が速い素子が開発されれば、有効な回路になるでしょう

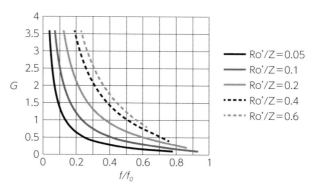

G：昇降圧比，f：動作周波数，f_0：共振周波数　$f_0 = 1/(2\pi\sqrt{L_r C_r})$
R_o'：一次換算負荷抵抗，Z：共振回路のインピーダンス　$Z = \sqrt{L_r/C_r}$

図5-21　電圧共振フライバック形の出力特性

部分共振形コンバータは、一周期間のある期間だけ共振しているコンバータをいい、図5-19 (c) に示す回路は、自励式リンギングチョーク形コンバータに、共振コンデンサC_rとスイッチがオンする時刻を遅らせる機能（オンディレー機能）を付加した構成になっています。

　リンギングチョーク形コンバータでは、オフ期間が終了するとすぐにスイッチがオンしますが、オンディレー機能により、スイッチを一定の期間オフ状態に保ちます。

　そうすると、トランス一次巻線の自己インダクタンスと共振コンデンサC_rが共振し、スイッチの電圧が徐々に下がってきます。

　その後、スイッチの電圧が最低になった時刻にスイッチをオンさせると、ターンオン時の損失が減少し、ノイズの発生を抑制することができます。図5-19 (c) のスイッチ電圧を参照してください。

　基本動作は、リンギングチョーク形コンバータに同じであり、オフ期間は一定でオン期間を変化させ、周波数制御することにより出力電圧を一定にします。

　このときの部分共振リンギングチョーク形コンバータの出力特性は、図5-22のようになります。この特性を利用して、出力電圧が周波数制御されます。

　比較的に安価であり、スイッチ損失とノイズを小さくすることができます。出力は、あまり大きな電力をとることはできなく、150W程度が限界になります。

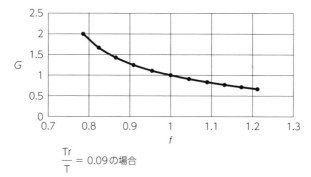

図5-22　部分共振リンギングチョーク形コンバータの出力特性

5.4　インバータ

　直流電力を入力として交流電力を出力する回路をインバータと呼びます。出力交流の種類によって、モーター制御用の可変電圧・可変周波数 (VVVF：Variable Voltage Variable Frequency) インバータ、無停電電源装置用の一定電圧・一定周波数 (CVCF：Constant Voltage Constant Frequency) インバータなどがあります。

5.4.1　単相インバータ

単相の交流電力を出力する回路を単相インバータと呼びます。図5-23は単相インバータの基本回路です。

U点の電位はQ_UとQ_Xのオン・オフ状態によって、$+V_D$または$-V_D$の電位を取ります。

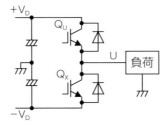

図5-23　単相インバータ回路（ハーフブリッジ方式）

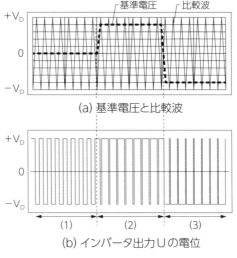

図5-24 インバータの制御

　図5-24を使ってインバータの制御方法を説明します。

　基準電圧と高周波数の比較波を用いて、前者が大きいときはQ_Uを、それ以外はQ_Xをオンにします。

　同図 (a) の例では、基準電圧を$0 \Rightarrow 0.8V_D \Rightarrow -0.8V_D$と変化させています。Uの電位は図5-24 (b) のようになります。

　(1) の期間の出力は$+V_D$と$-V_D$が同じ比率で発生しており、平均は0となります。(2) の期間は$+V_D$になる時比率が、(3) の期間は$-V_D$になる時比率が、それぞれ大きくなります。それぞれの区間の平均は基準電圧波形と同じになります。

　基準電圧を正弦波にすることでインバータの出力を正弦波状にすることができます。

図5-25はフルブリッジ方式の単相インバータです。負荷はU-V間に接続されます。

図5-23のハーフブリッジ方式よりも回路が複雑になりますが、フルブリッジインバータは2倍の振幅をもつ電圧を出力できます。

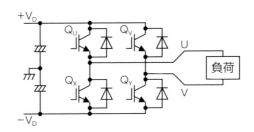

図5-25　単相インバータ回路（フルブリッジ方式）

5.4.2　三相インバータ

図5-26は三相インバータの基本構成です。交流出力端子が3つあることが特徴で、通常は3つの出力端子から、120度ずれた平衡三相交流を出力します。

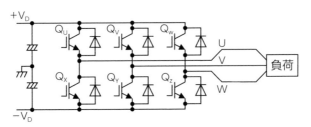

図5-26　三相インバータ回路

図5-27のように出力の1つを中間電位に接続して、1相分の回路を省いた三相インバータはV結線方式と呼ばれています。

図5-26よりも回路が簡単ですが、同程度の三相交流を負荷に供給するために直流電圧を高くする必要があります。

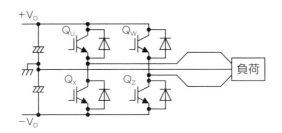

図5-27　三相インバータ回路（V結線方式）

5.5　その他の応用回路と関連事項

5.5.1　力率改善回路

電気・電子機器から発生する高調波電流を抑制するために、IEC61000-3-2が制定されています。日本ではJIS C 61000-3-2「電磁両立性-第3-2部：限度値-高調波電流発生限度値（1相当たりの入力電流が20A以下の機器）」が制定され、高調波電流を限度値以下に抑えることが義務づけられています。

高調波電流を抑制する方法はいろいろありますが、一般的には昇圧形力率改善（PFC）回路が用いられます。図5-28の点線内が昇圧

形力率改善回路になります。

交流電圧を整流した脈動波電圧を、数十kHz以上の周波数で全周期にわたって入力電流の平均値が正弦波状に流れるようにスイッチします。この動作により、高調波電流が減少します。

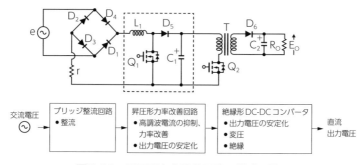

図5-28　昇圧形力率改善回路の構成と働き

昇圧形力率改善回路は以下に述べるような特徴があり、いろいろな電気・電子機器に使用されています。

(長所)
・力率を1近くまで上げ、高調波電流をほとんどなくすことができます。
・後段の絶縁形DC-DCコンバータの入力電圧を一定にでき、最適設計により、損失が少なく効率の良い絶縁形DC-DCコンバータを得ることができます。
・交流電圧のワイド入力（AC100〜240V）対応が容易に実現できます。
・入力電圧の瞬時低下や瞬時停電に対する特性が向上します。

（短所）

・部品点数が多く、回路が複雑となります。
・スイッチ回路が2つになるために、損失が大きくなり、効率が下がります。
・輻射ノイズ、伝導ノイズともに増えます。

5.5.2　同期整流回路

　PN接合ダイオードは順方向電圧降下が大きく、大電流が流れると大きな損失が発生します。ショットキーダイオードを使えば、順方向電圧降下を小さくできますが、それでも順方向電圧降下は0.45～0.6V程度あります。

　これを改善するために考え出されたのが、同期整流回路です。

　ダイオードの代わりにMOSFETを使います。電流がMOSFETの寄生ダイオードの順方向に流れるように、回路に接続します。寄生ダイオードに電流が流れたときに、並列に接続されているMOSFETをオンさせると、並列にMOSFETのオン抵抗が接続されるために、電圧降下を小さくし、損失を削減することができます。順方向電圧降下は、0.2V程度まで小さくすることができます。

　図5-29は降圧形コンバータに適用した例であり、ダイオードをMOSFET（Q_2）に変更しています。矩形波コンバータ等の二次側整流用としても使われています。

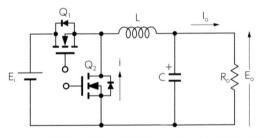

図5-29　同期整流回路を降圧形コンバータに適用した例

5.5.3　スナバ回路

スナバ回路は、パワーデバイスがスイッチングしたときに回路に発生するサージ電圧を低減する回路です。

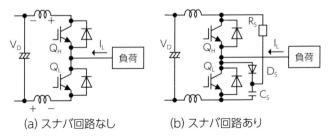

(a) スナバ回路なし　　(b) スナバ回路あり

図5-30　スナバ回路の動作

図5-30 (a) のインバータ回路の1相分を使ってスナバ回路の動作を説明します。図中のリアクトルは回路の浮遊インダクタンスです。

負荷電流I_Lが図の向きで流れている状態からQ_Lをターンオフすると、電流変化 (di/dt) によって浮遊インダクタンスに図の向きに電圧が発生します。

この電圧はQ_Lの主端子に大きなサージ電圧を発生させます。サージ電圧の大きさは浮遊インダクタンスLと電流変化率di/dtの積なので、大電流を高速に遮断するほど大きくなり、パワーデバイスの破壊や劣化の原因になります。

図5-30 (b) はQ_Lにスナバ回路を接続した例です。以下に動作を説明します。

スナバコンデンサC_Sはスナバ抵抗R_Sによって、あらかじめV_Dに充電されています。Q_LをターンオフするとQ_Lの端子電圧が上昇します。V_Dを超えるとスナバダイオードD_Sが導通して、I_LはC_Sを充電する向きで流れるようになります。

このときQ_Lの端子電圧はC_Sの端子電圧でクランプされるため、サージ電圧が発生しません。浮遊インダクタンスの電流はC_Sの端子電圧上昇に伴ってゆっくりと変化します。このときC_Sの端子電圧が上昇しますが、次のスイッチングまでにV_Dまで放電します。

スナバ回路にはいくつかの種類があります。図5-31はスナバ回路の例です。

(a) の充放電型RCDスナバ回路と (b) の充放電型RCスナバ回路はスイッチQがターンオフするときのサージ電圧抑制効果が高く、大容量変換器に採用されています。

しかし、スナバ回路自体の損失が大きいため高周波スイッチングには向きません。

(c) の放電阻止型RCDスナバ回路はサージ電圧抑制効果があり、さらにスナバ回路損失が少ないので高周波スイッチングに向いています。

(d) の一括型RCDスナバ、同図 (e) の一括型RCスナバは、1つのスナバ回路で2個のパワーデバイスのサージ電圧を抑制できます。回路が簡単である特徴がありますが、他の方式と比較してサージ電圧抑制効果が弱くなります。

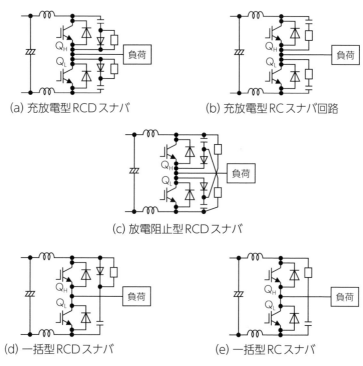

図5-31　スナバ回路の例

5.5.4　ゲート駆動回路とデッドタイム

パワーデバイスをオンオフさせる回路がゲート駆動回路です。

IGBTはG-E間を正極性（例えば＋15V）にバイアスすることで、C-E間をオンにして電流を流すことができます。また、G-E間を0または負極性（例えば−5V）にバイアスすることで、C-E間をオフにできます。

図5-32はIGBTとそのゲート駆動回路です。ゲート抵抗R_Gを介してゲート駆動回路をIGBTのG-E間につないでいます。ゲート駆動回路から正極性を出力すると、G-E間の電圧が徐々に上昇して、IGBTがターンオンします。負極性を出力するとIGBTはターンオフします。スイッチング速度はターンオン・ターンオフともにR_Gの値に依存し、小さいR_G値を選ぶほど損失が少なく速いスイッチングができます。ゲート駆動回路と制御マイコンの電位が異なるときは、フォトカプラなどを使って信号を絶縁します。

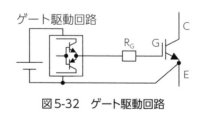

図5-32　ゲート駆動回路

図5-33はインバータの1相分の回路です。Q_HとQ_Lを交互にオンさせて、交流端子Uに対して＋V_Dまたは−V_Dの電位を出力します。インバータ回路では直流電源の短絡防止のため、上下アームのIGBTを同時にオンさせることができません。このため、ゲート駆

動回路は図5-34のように上下アームが同時にオフになる期間を設けて、オンオフ信号を出力します。この両方のスイッチがオフしている期間をデッドタイムと呼んでいます。

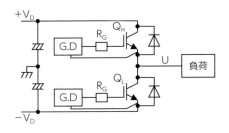

図5-33　インバータ回路

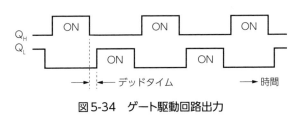

図5-34　ゲート駆動回路出力

5.5.5　ラインフィルタ回路およびその他の部品の役割

スイッチング電源回路に付いているラインフィルタと、その他の部品の役割について説明します。

①ラインフィルタ（T_1）

大地アースを基準としたときに交流電源の両極に載っているノイズをコモンモードノイズといいます。ラインフィルタはコモン

モードノイズに対してインダクタンスとして働き、交流電源に伝導するコモンモードの伝導ノイズを阻止します。

② アクロス・ザ・ラインコンデンサ (C_{X1}、C_{X2})

交流電源の両極間に現れるノーマルモードの伝導ノイズを交流的に短絡し、抑制します。

③ ラインバイパスコンデンサ (C_Y)

コモンモードの伝導ノイズを最短経路でスイッチング電源に帰るようにし、交流電源に伝導されるノイズを抑制します。

④ バリスタ (D_Z)

交流電源の両極間に入ってくる雷などのサージ電圧から、電源回路を保護します。

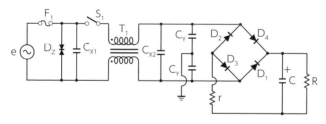

図 5-35　ラインフィルタ回路、他

5.5.6　電気・電子機器の EMC 体系図

電気・電子機器は、本体から出すノイズに関してエミッション性能と、外部から入ってくるノイズに関してイミュニティ性能が要求されます。

電気・電子機器から出るノイズは電磁妨害 (EMI; electromagnetic interference) と呼ばれており、障害波の伝搬経路に

よって輻射雑音(RN；radiation noise)と伝導雑音(CN；conduction noise)に分類されます。輻射雑音は空中に電磁波として放出されるノイズであり、伝導雑音は主に商用電源線を伝わって伝導するノイズをいいます。

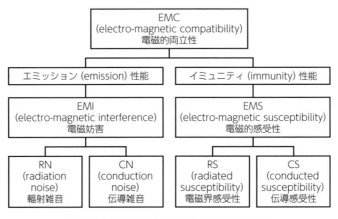

図5-36　電気・電子機器のEMC体系図

5.5.7　スイッチング電源に適用される安全規格

スイッチング電源に適用される安全規格は、用途により異なります。それらを下表に示します。

表5-6　スイッチング電源に適用される安全規格

用途	安全規格
AV機器・ICT機器	JIS C 62368-1
医療機器	JIS T 0601-1
計測機器	JIS C 1010-1

コラム　　　　　　　　　　　　　　　　Column

デジタル判定とアナログ解析

　酸化膜の評価で膜中を流れる電流と電界強度の関係を調べてみると、電界強度が高くなるに従って、電子伝導メカニズムがホッピング型からショットキー型、次にPool-Frenkel型へと移行していくようだった。そこで、品質の良い酸化膜と悪い酸化膜を比較してみると、品質の悪い酸化膜ではショットキー型で伝導する電界強度の範囲が狭く、さらに電界強度を上げるとPool-Frenkel型へ移行することなくFowler-Nordheim型になることがわかった。トラップが一気に欠陥生成に至ったようだ。

　さて、初期の絶縁耐圧評価でもTDDBのMTTF評価でも○○以下はNG、○○以上はOKとの判断で済ませてしまうことが多い。0か1かの"デジタル判定"である。だがちょっと待てよ？ NGとOKでどこがどう違うのか？ 絶縁破壊が起こるまでの過渡特性（V-I波形）をつぶさに調べてみるといろいろなことが見えてくる。"アナログ的視点"が大切である。

　上記の件では伝導メカニズムの式から生成されたトラップのエネルギーレベルも見積もることができた。品質の悪い酸化膜では欠陥のおおよそのサイズも推定できた。V-I波形の詳細な解析だけで多くの情報が得られることを実感した次第である。

　ダイオードの順方向過渡特性（V-I波形）でも興味ある現象に直面したことがある。ある一定の順方向電圧（V = V_f）での電流値が同じでも、その電圧に至るまでの過渡現象に相違のある素子が見つかった。V-I波形を詳細に見ないと気が付かない。V = V_fという一点での"デジタル判定"だけでは見過ごされる現象である。

あらゆる職場や社会で盛んにデジタル処理がなされている昨今である。スピードが求められる時代で致し方ないのかもしれないが、忙中に閑を見いだし、アナログ的視点から現象を眺めてみるのも時には必要なのではないだろうか。そうすることで理解が深まったり、直面する課題に対して思わぬ解決策が見いだせたりするかもしれないからである。

参考文献 Bibliography

■第5章
[1] 落合政司,『シッカリ学べる『スイッチング電源回路』設計入門』, 日刊工業新聞社, 2018年.
[2] 落合政司,『スイッチング電源の原理と設計』, オーム社, 2015年.

パワーデバイスの品質保証

Chapter: 6
Quality Assurance

6.1 故障モード
6.2 信頼性試験

パワーデバイスは半導体製品の一種ですから、集積回路製品と同様の考え方で品質を保証します。それに加えて、大電流、高耐圧をあつかうために必要となる項目に関する特性を保証しなければなりません。

本テキストではパワーデバイスやパワーモジュールに特有の故障モードとは何か、それらの故障モードに対する信頼性試験はどのようなことを行うのか、また、それらの故障モードに関する解析方法はどのようなものがあるのか見ていきます。

6.1　故障モード

6.1.1　パワーデバイスの故障モード

(1) 故障メカニズム

パワーデバイスの故障メカニズムは、他の半導体製品と共通な現象と、パワーデバイス特有の現象に分けて考えるとよいでしょう。

第1章に多くの種類のパワーデバイスが取り上げられています。多くのパワーデバイスは2端子または3端子の素子であり、第1章1.5「パワーMOSFET」の説明にあるように、縦型の製品が多くあります。

他の半導体製品と共通なメカニズムについては「はかる×わかる半導体 入門編」を参考にするとよいでしょう。

(2) ラッチアップ現象

　IGBTは第1章1.6の説明にあったように、寄生サイリスタ構造を持っています。このサイリスタ構造が動作しないように、素子の設計の際に寄生抵抗や寄生トランジスタの特性が調整されています。

　しかし製造上の異常によって寄生ベース抵抗が大きい箇所があったりすると、ラッチアップが発生して壊れる場合があります。ラッチアップした箇所には電流が集中し温度が上昇することによって、メタルが溶融して半導体層に合金層を作って破壊する、いわゆる「溶融破壊」が生じます。

(3) 破壊モード（アバランシェブレークダウン、逆接続）

　アバランシェブレークダウンは、オフ状態の半導体デバイスに耐圧以上の電圧が印加されて電流が急激に流れ出す現象です。

　耐圧以上の電圧が印加された状態で電流が流れるため、大きな消費電力によって熱が発生します。限界を超えると溶融破壊が生じ、デバイスの特性が回復することはありません。

　MOSFETなどでラッチアップが発生していないときには半導体素子の広い領域で電流が流れて温度上昇するため、熱伝播の上で最も温度が上がりやすい箇所、例えばチップの中央付近で溶融破壊が起こる場合が多くあります。

　特にIGBTの場合はアバランシェブレークダウンが起因となって電流集中やラッチアップを起こして破壊する危険が高くなります。

　実際のアプリケーションでは、誘導負荷に電流が流れている状態でデバイスをオフすると、図1-39にある寄生インダクタンスに溜まったエネルギーがデバイスに印加されるのでアバランシェブレークダウンを起こす場合があります。

第1章1.5.3 (2) の記述のように、パワーデバイスのターンオフ期間の電流変化 di/dt が大きいと、パワーデバイスの出力端子につながっている負荷側のインダクタンスではなく、寄生インダクタンスに発生する電圧が大きくなり（オーバーシュート電圧）、この電圧上昇によってアバランシェブレークダウンを起こす場合もあります。

　しかし、一般的にはパワーデバイスとペアになって並列に接続されたダイオード（還流ダイオードFWD）を介して回生電流としてエネルギーが放出されるため、正常に動作していればアバランシェブレークダウンが起こることはありません。

　電源を正負逆に接続する、または外部ノイズなどの影響でパワーデバイスに逆バイアスが印加されることがあります。すると、MOSFETであれば寄生のボディダイオード、IGBTの場合は組み込まれたダイオードに対して順方向にバイアスが印加されるため、ダイオードを流れる電流を遮断する回路が形成できず、過電流による熱破壊を起こす場合があります。

　この場合、パワーデバイス本体の電流容量よりもダイオードの方が大きいと、半導体チップではなくボンディングワイヤが溶断破壊する場合もあります。

(4) 貫通電流

　パワーデバイスは多くの場合に第5章の説明のように、電源－接地間に2個以上直列で配置され、上下のパワーデバイスを交互にオン・オフすることで負荷に対してパワーコントロールする回路に使われます。

　このような際に上下素子のゲートへ同時にオンになる信号が入力

されると、電源－接地間を低抵抗で短絡（ショート）した状態になり、熱的に破壊してしまうことがあります。

原因として、次のようなものを一例として示します。

図5-29の同期整流降圧型DC-DCコンバータにおいて、ローサイドの同期整流用MOSFETがターンオフするとき、そのゲート電圧V_{GS}は0Vになり、一方ハイサイドのMOSFETはオンします。

しかしドレイン電圧の上昇速度dV_{DS}/dtが（誤動作等で）大きいと、寄生容量C_{GD}とC_{GS}を介して変位電流が流れ、ゲート電圧V_{GS}が持ち上がってターンオフが維持できなくなることがあります。するとハイサイド・ローサイドのMOSFETともにオン状態になり、貫通電流が流れます。

(5) 短絡耐量

パワーデバイスはオン時に、その両端が同時に電源と接地（GND）に直接接続されることはありません。

しかし、例えばパワーデバイスに接続されている負荷が、誤動作等の何らかの要因で短絡状態になると電源と接地がパワーデバイスを通して接続されるので、そのときパワーデバイスがオン状態にあれば、パワーデバイスには大電流による熱破壊が発生します。上記、貫通電流も短絡モードの一種です。

どれくらいの時間、短絡状態になっても破壊しないかという指標が短絡耐量です。

また、電源電圧が高いほど、チップの接合温度が高いほど、短絡耐量は小さくなります。

(6) 加速モデル

信頼性（寿命）試験で用いられる加速モデルはICと同じように、アレニウスモデル、絶対水蒸気圧モデル、アイリングモデル、Ｖモデルなどがあります。

この他にパワーモジュールで用いられる修正コフィン・マンソン則があります。

6.1.2　パワーモジュールの故障モード

パワーモジュールは複数のパワーデバイスチップやコントロールチップを1つのパッケージに同梱した製品です。

この場合の故障モードとしては、第6章6.1.1に列挙したチップそのものの破壊モードのほかに、パッケージに関連する故障モードがあります。

代表的なものは、絶縁基板とベース板の接合などに用いられる、はんだの劣化に関係するものです。

パワーデバイスはその消費電力により大きな熱が発生するので、この熱を逃がすための放熱設計が重要です。はんだが劣化すると放熱経路の熱抵抗が悪化し、チップの温度が限界を超えて破壊してしまう場合があります。この寿命の評価は次節で述べるパワーサイクル試験で行います。

6.2 信頼性試験

6.2.1 パワーデバイスの信頼性試験

本節ではパワーデバイスの信頼性試験について考えます。

他の半導体製品と同じ試験項目としては次のような項目が挙げられます。これらについても「はかる×わかる半導体　入門編」を参考にしてください。項目のみを並べると以下の通りです。

・熱衝撃試験：急激な外部温度の変化
・温度サイクル試験 (気体中)：外部温度の変化
・高温保存 (放置) 試験
・高温高湿バイアス (THB) 試験
・高温高湿保存試験
・静電気耐圧試験 (マシンモデル、人体モデル)
　(ICで用いられるデバイス帯電モデルは構造上発生しにくい)
・はんだ耐熱性／はんだ付け性試験

パワーデバイスに特有な信頼性試験項目として、熱的特性を確認するパワーサイクル試験とバーンイン試験 (ここではゲート絶縁膜の寿命を確認する試験) を取り上げます。

(1) パワーサイクル試験

　パワーデバイスは、他の半導体製品よりも大電流・高電圧を取り扱い、消費電力が大きいため、発生する熱の問題を検証する必要があります。

　放熱性は設計の際に計算されて決定されますが、使用されるにつれて、その放熱性の劣化の程度がどれくらいか、寿命がどの程度か把握しておくための信頼性試験がパワーサイクル試験です。

　多くのパワーデバイスでは、半導体チップと搭載基板(リードフレームや絶縁基板)の接合材料としてはんだが使われます。特に第3章のパワーモジュール製品は、そのサイズが大きく、使われる材料が多種であるため、各材料の熱膨張係数(線膨張係数(線膨張率)など)やそれぞれの材料の組み合わせによって、劣化の程度や寿命が変わってきます。

　パワーサイクル試験は温度を変化させることで材料間の接合にストレスをかけ、その劣化を評価します。熱衝撃試験や温度サイクル試験と違うポイントとしては、半導体素子自体をオン・オフさせて温度を上昇・下降し、その熱を元に接合へ温度変化に伴うストレスを与える点です。

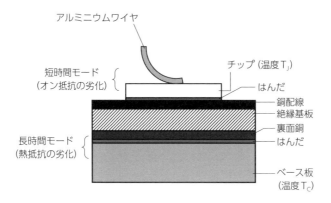

図6-1 パワーモジュールの構造とパワーサイクル試験の注目箇所

　パワーサイクル試験が注目している劣化箇所は2つあります。
　1つ目はワイヤとチップの接合、2つ目は絶縁基板とベース板の間のはんだ接合です。
　ワイヤとチップの接合が劣化すると接触抵抗が増加し、パワーデバイスとしてはオン抵抗が増加します。そして最終的にはワイヤとチップが剥離して、その間はオープン特性となります。
　パワーデバイスは表側の電極に複数のワイヤが接続している場合が多いため、すべてのワイヤがオープンにいたらない限り、デバイスとしての電気的特性は「劣化＝オン抵抗増大」として観測されます。
　一方の絶縁基板とベース板の間にあるはんだの劣化は電気的特性には影響せず、放熱性の劣化として現れます。パワーデバイスチップの下部で劣化が進行するとチップの動作温度が上昇し、熱暴走による破壊につながる場合もあります。
　パワーサイクルの2つのモードは、チップ表面の温度T_Jとベース板の外側面の温度T_Cで管理します。T_Jは直接測定できないので、

チップの温度特性を元に計算して求めます。

短時間パワーサイクル試験は図6-2のように、パワーデバイスを数10秒単位でオン・オフさせ、チップ表面温度 T_J を規定の温度幅で上下させます。

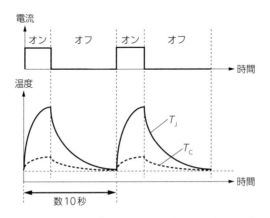

図6-2　短時間パワーサイクル試験の温度カーブ

このとき、T_C は極力上昇しないようにオン・オフ時間を調整します。このように変化させることで、主な温度変化はチップ表面でのみ発生し、ワイヤとチップの線膨張係数の違いによって発生する応力が接合にストレスをかけます。短時間にチップ表面温度が上昇・下降する現象は、装置の加減速動作の際の温度変化を想定しています。

長時間パワーサイクル試験は図6-3のように、パワーデバイスを数分単位でオン・オフさせ、チップ表面温度 T_J の上昇とともに T_C を規定の温度幅になるまで上下させます。

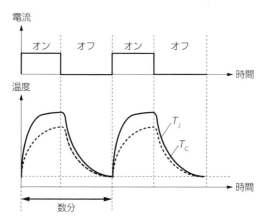

図6-3　長時間パワーサイクル試験の温度カーブ

　このように変化させることで、主な温度変化はパッケージ全体で発生し、絶縁基板とベース板の線膨張係数の違いによって発生する応力がはんだにストレスをかけます。

　パッケージ全体の温度が上昇・下降する現象は、装置の起動・停止などに発生する緩やかな温度変化による寿命を評価します。

　パワーサイクル寿命の故障モデルは修正コフィン・マンソン則に従うといわれており、次の式で表されます。

$$N_f = C \cdot f^m \cdot (\Delta \varepsilon_{in})^{-n} \cdot \exp(E_a / kT_{J(max)}) \quad (6.1 式)$$

　ここで、N_f：寿命、C：定数、f：オン・オフ周波数、m：周波数パラメータ、n：定数、$\Delta\varepsilon_{in}$：熱疲労ひずみ振幅、k：ボルツマン定数、E_a：活性化エネルギー、$T_{J(max)}$：最高試験温度です。

また、実使用条件で複数の温度変化とサイクル数が加わる場合、破壊までのサイクル数は次のマイナー則で表されます。

$$n_1/N_1 + n_2/N_2 + n_3/N_3 + \cdots = 1 \quad (6.2式)$$

ここで、n_i：温度ストレスΔT_{ji}の印加回数、N_i：温度ストレスΔT_{ji}での寿命サイクル数です。

(2) バーンイン試験

　もう1つパワーデバイスが他のIC製品と異なる点として、ゲート絶縁膜の厚さが厚いという点があります。

　一般的なIC製品の駆動電圧は高くても5V、低いものでは1V前後のものが多いですが、パワーデバイスは12〜15Vの製品が多数あります。これはゲート絶縁膜の厚さが異なることが大きな要因で、パワーデバイスでは数10ナノメートル（nm、10^{-9}m）の厚さの酸化膜が多く使われます。

　厚い酸化膜の場合、比較的短時間に破壊するAモード、本来の酸化膜寿命で破壊するCモードのほかに、偶発不良的に破壊するBモードがあります。

　AモードとBモードはゲート酸化膜の欠陥などに起因する場合が多くあります。

　これらのゲート酸化膜破壊モードのうち、Aモードは規定のゲート耐圧よりも低いものであり、テスト工程で取り除くことができます。しかしAモードよりも耐量が高いBモードはしばらく動作した後に破壊する場合が多くあります。

そのため、出荷前のパワーデバイスでは、実使用時のゲート電圧よりも高い電圧をしばらく印加することで、Bモードのスクリーニング除去を行う場合があります。

このスクリーニングをパワーデバイスの場合のバーンイン試験と呼びます。

6.2.2　故障モード解析

第6章6.1に記したように、パワーデバイスの破壊は熱の発生によって溶融破壊している場合が多くあります。そのため故障解析を行っても、ほとんどのケースで破壊の中心付近は熱的に溶融しているため、原因の特定が難しいと言われています。

図6-4に示す形状は第6章6.1に挙げた故障モードに対応する、比較的容易に推定することができる例です。

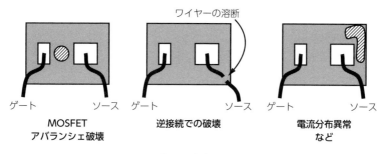

図6-4　パワーデバイス故障の例

その他の故障モードとしては、ダメージや汚染による耐圧リーク（耐圧低下）、汚染やホットキャリア注入によるしきい値電圧変動、応力によるボンディングワイヤやはんだ接合の剥離によるオープン

故障などがあります。これらの場合は故障解析が必要です。

故障解析を行う場合、使用される故障解析手法は一般のICでも使われているものとほぼ同様です。

故障箇所を特定する手法としては、ロックイン熱放射顕微鏡LIT (Lock-in Thermography)、エミッション顕微鏡PEM (Photo Emission Microscope)、赤外光ビーム加熱抵抗測定法IR-OBIRCH (Infrared Optical Beam Induced Resistance Change) などがあります。

・LIT：外部から周期的な矩形パルス電圧を印加し、リーク電流が流れる箇所が発熱することで放射する赤外線（波長 $3 \sim 5\,\mu m$）をサーモグラフィーカメラで観測します。パルス電圧と同期した発熱箇所を選択することで箇所を特定します。パッケージを開封しなくても概略の位置を特定できる場合があります。故障箇所には等価回路上大きな直列抵抗が接続されている場合が多く、その場合、故障箇所がショート状態に近いと抵抗値が小さく、発熱量も小さいために発見できないこともあります。

・PEM：外部から電圧を印加し、リーク電流が流れる箇所から発生する光を観測します。光（波長 $400\,nm \sim 1.7\,\mu m$）を観測するので、パッケージを取り除き、チップ状態にしてから評価します。パワーデバイスはメタル電極で覆われているので、チップ裏面を露出させて観測する場合も多いです。破壊モードによって発光波長が異なります。

- IR-OBIRCH：バイアスしたサンプルに1.3μmの赤外光ビームを照射しながらチップ上をスキャンします。ビームが照射されている箇所は温度が上昇します。サンプルの消費電流を観測し、変化（電流上昇または下降）が観測された場所をモニター上にチップ画像とオーバーラップして示します。リーク箇所に抵抗成分が有ると、温度の変化に従って抵抗値が変化し、それによって消費電流が変化すれば、その位置が検出できます。

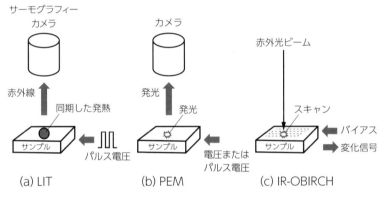

図6-5　故障箇所特定手法の概略

　故障箇所を特定できたら、その部分を少しずつ研磨やエッチングして状態を観察したり、集束イオンビームFIB (Focused Ion Beam)で断面加工して観察したりします。
　必要であれば元素解析なども行って故障箇所の状態を把握し、原因を推定して対策を考えます。

コラム　　　　　　　　　　　　　　　Column

森も見て、木も見て

　昔、職場の大先輩が酸化炉内から発せられた熱放射光の色を見て「今、1100℃ぐらいか？」と私に尋ねたことがあった。炉のパネル表示はまさに1100℃を示しており、経験の賜物と感心した。

　酸化・拡散などの熱処理工程では±5℃以下の精度が要求され、炉内の均熱長も確保する必要がある。実際は目視に頼らず電気炉の複数箇所に設置された熱電対温度計で炉内温度とその分布を精密に計測している。それでも経験に裏打ちされた熱放射光の色の目視による温度判定は思わぬところで役立つものである。熱電対の不具合に気が付かず、寸前でロットアウトを免れたことがあった。温度コントローラの表示では異常がなかったが、熱放射光の色を見て異常に気付いた。熱電対の定期検査・校正は不可欠だが、突然の不具合も起こり得る。

　それ以来、「大体の様子は目視で、精確さは熱電対や温度コントローラ表示で」をモットーとするようになった。これに類した考え方は研究開発や生産現場に限らず、あらゆる分野で重要である。

　人の営みの中のあらゆることは大局的に捉えて大筋で間違っていないことの確認を得ることが大事であり、細かな詰めはその後に注力することである。初めから細かなことばかりに目を向けていると結果的に誤った方向に進んでしまっている場合が少なくない。大局的判断は個人の能力に負うところが大だが、そのような能力は多くの経験や試行錯誤を通して身に付けることができるのもまた事実である。

　「データ重視」ということをよく耳にする。もちろん、様々なアクションをとる前提においてデータは重要である。しかし、個々の

数値にのみ気を取られていると思わぬ失敗をすることがある。個々のデータや数値が一体どんな背景（条件や環境など）の下で得られたのか、また過去のデータとの連続性はどうか、なども頭に入れておく必要があろう。

参考文献 Bibliography

■第6章

[1] 大橋弘通, 葛原正明 (編著), 『パワーデバイス』, 丸善出版, 2011年.
[2] LSIテスティング学会 (編集), 『LSIテスティングハンドブック』, オーム社, 2008年.
[3] 沖エンジニアリング株式会社,「デバイス／モジュールの信頼性評価：パワーサイクル試験」, https://www.oeg.co.jp/semicon/ng_pow.html
[4] 富士電機株式会社,「アプリケーションマニュアル：パワーモジュールの信頼性」, https://www.fujielectric.co.jp/products/semiconductor/model/igbt/application/box/doc/pdf/RH984b/RH984b_11.pdf
[5] 三菱電機株式会社,「パワーモジュールの信頼性」, http://www.mitsubishielectric.co.jp/semiconductors/products/pdf/reliability/powermodule_reliability_j.pdf

付録

Appendix

執筆者一覧
索引

執筆者一覧 (五十音順) Authors

監修

▍浅田 邦博 ［あさだ・くにひろ］

東京大学名誉教授。1975年3月東京大学工学部電子工学卒業。1980年3月同大学院博士課程修了(工博)。1980年4月東京大学工学部任官。95年同工学系研究科教授。96年同大規模集積システム設計教育研究センター(VDEC)の設立に伴い同センターに異動、2000年4月同センター長、2018年3月末に東京大学を退職。現在、武田計測先端知財団常任理事。この間、85～86年英国エディンバラ大学訪問研究員。90～92年電子情報通信学会英文誌エレクトロニクスエディタ。01～02年 IEEE SSCS Japan Chapter Chair。05～08年 IEEE Japan Council Chapter Operation Chair 等々。専門は集積システム・デバイス工学。

執筆

▍遠藤 幸一 ［えんどう・こういち］

執筆担当：第6章

東芝デバイス＆ストレージ株式会社勤務。電源用IC、モータードライブICなどの製品開発、半導体故障解析業務および解析技術開発などに従事。日本信頼性学会 理事(2017年～)。修士(理学)。博士(情報科学)。

▍落合 政司 ［おちあい・まさし］

執筆担当：第5章5.1～5.3、第5章5.5.1～5.5.2、第5章5.5.5～5.5.7

元群馬大学客員教授(2012年度～2017年度)、芝浦工業大学非常勤講師(2014年度～)、元東洋大学非常勤講師(2017年度)、小山高専非常勤講師(2011年度～)。長崎大学大学院生産科学研究科博士課程修了。工学博士。

▍佐藤 伸二 ［さとう・しんじ］

執筆担当：第1章1.1、第1章1.7、第4章、第5章5.4、5.5.3～5.5.4

国立研究開発法人産業技術総合研究所主任研究員。
株式会社東芝、サンケン電気株式会社を経て、2017年より現職。半導体電力素子応用技術の研究に従事。2004年工学博士(山口大学)。名古屋大学客員教授(2018年～)

▌西澤 正人　[にしざわ・まさと]

執筆担当：第2章2.1

　元富士電機株式会社勤務。東北大学大学院理学研究科化学第二専攻博士課程修了。理学博士(1979)。UC Santa Barbara研究員などを経て、富士電機株式会社勤務(〜2011年)。IC、パワーデバイスの半導体ウェーハプロセスの開発に従事。

▌松崎 一夫　[まつざき・かずお]

執筆担当：第2章2.2、コラム

　元富士電機株式会社勤務
　1977年東北大学理学部化学第二専攻博士課程修了(理博)。同年富士電機株式会社中央研究所配属。1980年株式会社富士電機総合研究所出向。2004年富士電機デバイステクノロジー株式会社転社。IC、IGBT、ECRCVD装置、マイクロ電源などの半導体プロセス開発に従事。2008年富士電機デバイステクノロジー株式会社退社。

▌松田 順一　[まつだ・じゅんいち]

執筆担当：第1章1.2〜1.6、第6章6.1

　群馬大学大学院理工学府電子情報部門客員教授
　1979年同志社大学大学院工学研究科電気工学専攻前期博士課程修了。以降、2005年まで東京三洋電機(後、三洋電機)株式会社、05年から東光株式会社、09年から13年まで旭化成東光パワーデバイス(後、旭化成パワーデバイス)株式会社に勤務。02年から現在まで群馬大学で通算約10年間客員教授。博士(工学)。メモリなどの微細デバイス、パワーデバイスなどの研究開発および量産に従事。

▌山本 秀和　[やまもと・ひでかず]

執筆担当：第3章

　千葉工業大学工学部電気電子工学科教授
　1984年北海道大学大学院工学研究科電気工学専攻博士後期課程修了(工学博士)。同年三菱電機株式会社入社。CCDイメージセンサ、集積回路用Siウェーハ、パワーデバイス等の技術開発および量産に従事。2010年より千葉工業大学教授。パワーデバイス用結晶の研究に従事。現在、パワーデバイスイネーブリング協会理事。著書『パワーデバイス』(コロナ社)、『ワイドギャップ半導体パワーデバイス』(コロナ社)、『次世代パワー半導体の高性能化とその産業展開』(共著、CMC出版)、『半導体LSI技術』(共著、共立出版)、『現代電気電子材料』(共著、コロナ社)等。

編集委員会

┃一般社団法人パワーデバイス・イネーブリング協会
　　　　　　　　　　　　　（株式会社アドバンテスト）

秋本 賀子	石川 法照
江越 広弥	織笠 樹
北 一三	木村 伸一
佐々木 功	佐藤 新哉
津久井 幸一	南雲 悟

索引 Index

あ

アインシュタインの関係式	11
アクセプタ準位	9
アクロス・ザ・ラインコンデンサ	215
厚膜電極	96
厚膜メタル	96
アバランシェブレークダウン	223
安全規格	216
位相制御型整流回路	175
一括型RCスナバ	212
一括型RCDスナバ	212
一定電圧・一定周波数インバータ	203
移動度	10
イミュニティ性能	215
医療機器	216
インダクタンス	224
インテリジェントパワーモジュール	128
インバータ	126, 174, 203
薄ウェーハプロセス	114
裏面電極	98
裏面プロセス基本フロー	97
エネルギー準位	9
エネルギーバンド	9, 25
エネルギーレベル	9
エピタキシャルウェーハ	94
エピタキシャル成長	112
エミッション顕微鏡	234
エミッション性能	215
エミッタ電極	96
オージェ再結合	20
オーバーオキサイド構造	104
オーバーシュート電圧	224
オープン故障	233
オン抵抗低減プロセス	108
オンディレー機能	202
オン電圧	34, 68
温度サイクル試験	227
温度センス	128

か

ガードリング構造	103
界面電荷密度	44
拡散ウェーハ	92
拡散係数	10
拡散成分	10
拡散層	96
拡散長	16
拡散電位	15
拡散電流	37
拡散容量	17
カスコード接続	85
加速モデル	226
価電子帯	9
金型	144
可変電圧・可変周波数インバータ	203
貫通電流	224
還流ダイオード	126, 224
帰還容量	161, 164
寄生NPNバイポーラトランジスタ	62
寄生PNPN	62
寄生インダクタンス	224
寄生サイリスタ	62
擬フェルミ準位	11
基本ウェーハプロセス	95
逆回復時間	33, 40
逆回復特性	40
逆接続	223
逆方向の電流特性	29
逆方向リーク電流	36
キャリア増倍係数	65
共振形コンバータ	184, 185, 196
鏡像力	29
金拡散	120
禁止帯	9
金属ナノ粒子	149
空間電荷発生電流	23, 37
空間電荷発生ライフタイム	23
空乏層容量	17
矩形波コンバータ	184, 190
駆動回路	128
グリスレス化	150
計測機器	216
ケース温度	134
ケースタイプ	131
ゲート・エミッタ間電圧	160
ゲート駆動回路	213
ゲート酸化膜容量	43
ゲートスイッチング電荷	54
ゲート-ソース間電荷	53
ゲート-ソース間容量	52
ゲート電極	96
ゲート-ドレイン間電荷	53
ゲート-ドレイン間容量	52
ゲートプラトー電圧	53

243

ゲート漏れ電流	161, 164
ゲル	131, 143
降圧形コンバータ	179, 188
高温高湿バイアス(THB)試験	227
高温高湿保存試験	227
高温動作化	148
高温動作対応	136
高温保存(放置)試験	227
高周波動作化	153
高信頼性	136
高信頼性化	148
高絶縁性	134
高耐圧化	146
高耐圧化プロセス	99
高調波電流	207
高電子移動度トランジスタ	154
高放熱化	147
高レベル注入	33, 71
高レベルライフタイム	22, 78
故障メカニズム	222
故障モード	222, 226
故障モード解析	233
個別型	42
コモンモードノイズ	214
コレクタ・エミッタ間電圧	160
コレクタ・エミッタ間飽和電圧	161, 164
コレクタ電極	98
コレクタ電流	160
コレクタ漏れ電流	161, 164
コンデンサインプット形全波整流回路	176
コンデンサインプット形半波整流回路	176

さ

サージ電圧	215
再結合中心	20
再結合ライフタイム	20
酸化ガリウム	153
三相インバータ	126, 206
三相整流回路	176
シート抵抗	12
しきい値	164
しきい値電圧	43, 161
しきい値電圧変動	233
試験項目	227
自己凝集防止膜	149
仕事関数	26
次世代パワーデバイス	82
次世代半導体	82
実効界面電荷	43

時比率制御回路	182
ジャンクション温度	160
修正コフィン・マンソン則	226
集積型	42
集束イオンビーム	235
周波数制御方式	178
充放電型RCDスナバ回路	211
充放電型RCスナバ回路	211
出力特性	62
出力容量	53, 161, 164
順回復特性	38
順方向電圧降下	209
順方向特性	33
順方向の電流特性	27
昇圧形コンバータ	188
昇圧形力率改善回路	208
昇降圧形コンバータ	188
少数キャリアライフタイム	79
ショットキー障壁	25, 27
ショットキーダイオード	24, 209
ショットキーバリアダイオード	24
シリーズレギュレータ	184
シリコーンゲル	143
シリコン基板	92
真性キャリア密度	9
真性半導体	9
真性フェルミ準位	9
人体モデル	227
信頼性試験	227
スイッチング損失低減プロセス	119
スイッチング電源	174, 216
スイッチング特性	52, 55
スイッチングレギュレータ	174, 178
スーパージャンクションタイプ	127
スナバ回路	210
制御回路	128
正孔電流密度	10
製造プロセスフロー	95, 137
静電気耐圧試験	227
静特性	160
整流回路	174, 175
赤外光ビーム加熱抵抗測定法	234
絶縁破壊電界	83
設計	137
接合温度	134
接合容量	165
接触測定	167
絶対最大定格	160
線形領域	45

全ゲート電荷	54
全電流密度	10
全波整流回路	176, 177, 199
ソフトリカバリ	41

た

ターンオフ遅延時間	162
ターンオフ特性	76
ターンオン遅延時間	162
ターンオン特性	76
耐圧	18, 59, 64
耐圧リーク	233
ダイオード	6
ダイオード順電圧	161
対称型	61
ダイシング工程	139
大電流化	146
大電流通電能力	134
ダイボンド	138, 141
多段(マルチ)エピ成長法	112
立ち上がり時間	162
立ち上がり電圧	16
立ち下り時間	162
ダブルパルス試験	168
単相インバータ	204
単相整流回路	175
短絡耐量	225
チップテスト	138, 140, 162
チャネル抵抗	46
注入効率	65
チョークインプット形全波(ブリッジ)整流回路	175
チョッパ方式コンバータ	184, 186
低オン抵抗化プロセス	109
抵抗性フィールドプレート	104
抵抗率	12
定常損失低減プロセス	108
ディスクリート型	42
ディスクリートデバイス	127
低損失化	151
低損失化プロセス	106
低レベル注入	22, 34, 72, 73
低レベルライフタイム	22
デッドタイム	214
電圧共振形コンバータ	182
電圧-電流の軌跡	196
電圧-パルス幅変換回路	182
電子移動速度	83
電子親和力	26

電子線照射	120
電磁的感受性	216
電磁的両立性	216
電子電流密度	10
電磁妨害	215
伝導雑音	216
伝導帯	9
伝導特性	10
伝導度変調	33, 69
伝導ノイズ	215
伝導率	12
電流共振形コンバータ	182
電流センス	128
電流電圧特性	27, 33, 43
電流連続の式	11
電力損失	30, 57
等価回路	62
同期整流回路	209
到達率	65
動特性	161
特性オン抵抗	13, 18, 47, 51, 58
ドナー準位	9
トランスファーモールドタイプ	132
トランスペアレントエミッタ	61
トランスペアレントコレクタ	61
ドリフト成分	10
ドレイン-ソース間容量	52
トレンチ埋め込みエピ成長法	112
トレンチゲートIGBT	80
トレンチゲート構造	110
トレンチゲート電極	96
トレンチ構造	43

な

入力容量	53, 161, 164
熱衝撃試験	227
熱抵抗	167
熱電子放出	27
熱平衡状態	14
熱暴走	30
熱容量	167
ノンパンチスルー型	60, 112

は

ハーフブリッジ形コンバータ	194
ハーフブリッジ方式	204
バーンイン試験	232
倍電圧整流回路	175
ハイブリッドモジュール	87

バイポーラデバイス	7
破壊モード	223
白金(Pt)拡散	120
バリガ性能指数	82
バリスタ	215
バルク抵抗	12
パルス幅制御方式	179
パワーMOSFET	42
パワーサイクル試験	228
パワーサイリスタ	7
パワーダイオード	7
パワーデバイス	6
パワートランジスタ	7
パワーモジュール	126
はんだ耐熱性	227
はんだ付け性	227
パンチスルー型	60, 112
バンド間直接再結合	20
バンドギャップ	82
半波整流回路	175, 176
ピーク電界	18
非接触測定	167
非対称型	61
比抵抗	12
表面温度測定	167
表面再結合速度	80
表面プロセス基本フロー	95
ビルトイン電位	14, 26
フィールドストップ型	60, 112
フィールドプレート構造	104
封止工程	143
封止材	150
フェルミ準位	9
フェルミ電位	15
フォワード形コンバータ	193
フォワードリカバリ特性	37
輻射雑音	216
プッシュプル形コンバータ	194
部分共振形コンバータ	202
フライバック形コンバータ	193
フラットバンド電圧	43
ブリッジ整流回路	177
フルブリッジ形コンバータ	194
フルブリッジ方式	206
ブレークダウン電圧	18, 65
ブレード	139
プレーナーゲート構造	110
プレーナ構造	43
プロトン照射	120

ベース輸送効率	65
ベベル構造	102
ヘリウム照射	120
ベルヌーイチャック搬送	118
放電阻止型RCDスナバ回路	211
放熱性	134
飽和電圧	161
飽和電流密度	16
飽和領域	45
保護回路	128
保存温度	160

ま

マシンモデル	227
マルチエピ成長法	112
ミラー容量	52
メタルフィールドプレート	104
モールド樹脂	133, 144

や・ゆ・よ

誘電率	83
誘導負荷	55
ユニポーラデバイス	7
要求性能	133
溶融破壊	223

ら・わ

ライフタイムキラー	120
ライフタイム制御	22, 73, 120
ラインバイパスコンデンサ	215
ラインフィルタ	214
ラッチアップ現象	223
リーク電流	36
リーク電流密度	29
力率改善回路	207
リサーフ構造	105
理想ダイオード	18
リチャードソン定数	27
リバースリカバリ特性	38
両極性拡散	34
両面冷却	148
臨界電界	18
リンギングチョーク形コンバータ	182, 192
レーザアニール	117
ロックイン熱放射顕微鏡	234
ワイヤーボンド	138, 143

A・B

AV機器	216

A・B

Aモード	232
Bモード	232

C

Carrier Stored Trench-gate Bipolar Transistor	61
Cies	161
CN	216
Coes	161
conducted susceptibility	216
conduction noise	216
Constant Voltage Constant Frequency	203
Cres	161
CSTBT	61, 81
CVCFインバータ	203
Cモード	232

D

DBC基板	166
DC-DCコンバータ	174, 178
DIP-IPM	133
Direct Bonded Copper	166
D-MOSFET	43
Dual Inline Package-IPM	133
D_z	215

E

electro-magnetic compatibility	216
electro-magnetic interference	215, 216
electro-magnetic susceptibility	216
EMC	216
EMI	215, 216
EMS	216
Eoff	162
Eon	162

F

FIB	235
Field Limiting Ring	103
floating zone	92
FLR	103
FM方式	178
Focused Ion Beam	235
frequency modulation	179
FS型	112
FWD	126
FZウェーハ	93

G・H

GaN	152
GaNデバイス	84
HEMT	154
High Electron Mobility Transistor	154

I

Ic	160
ICES	161
ICT機器	216
IEGT	61, 81
IGBT	6, 59, 126
IGES	161
Infrared Optical Beam Induced Resistance Change	234
Injection Enhanced IGBT	61
Insulated Gate Bipolar Transistor	6, 126
Intelligent Power Module	128
IPM	128
IR-OBIRCH	235

J・L

JBSダイオード	31
JIS C 61000-3-2	207
Junction Barrier Controlled Schottky	31
Lateral Double-Diffused MOSFET	43
LDMOS	43, 58
LIT	234
Lock-in Thermography	234

M・N

Merged PiN/Schottky	41
Metal Oxide Semiconductor Field Effect Transistor	6, 126
Miller容量	52
MOSFET	6, 209
MOSFETの電流式	45
MPSダイオード	41
NPT型	112
N型半導体	9

P・R

PEM	234
PFC回路	176
Photo Emission Microscope	234
PiNダイオード	32
PNPバイポーラトランジスタ	62
PN接合ダイード	14
PN接合のエネルギーバンド	14

247

power factor correction	176
PT型	112
pulse width modulation	178
PWM方式	178
P型半導体	9
radiation noise	216
Reduced Surface Field	59, 105
RESURF	59
RN	216

S

SBD	24
Schottky Barrier Diode	24
Semi-Insulating Polycrystalline Silicon	104
Shockley Read Hall	20
SiCデバイス	86
SiCパワーデバイス	86
SIPOS	104
Siリミット	20
SJ MOSFET	111
SJタイプ	127
SMZコンバータ	198
soft-switched multi-resonant zero-cross	198
SRH再結合	21
Super Junction	127
Super Junction MOSFET	110

T・U

T_1	214
td(off)	162
td(on)	162
tf	162
Tj	160
tr	162
Tstg	160
U-MOSFET	42, 51

V・Z

Variable Voltage Variable Frequency	203
VCE(sat)	161
VCES	160
V_F	16, 161
VGE(th)	161
VGES	160
V-PW変換回路	182
VVVFインバータ	203
V結線方式	207
ZCS	196
zero current switching	196
zero voltage switching	196
ZVS	196

数字

100V/200V 切替え付整流回路	175
1in1タイプ	126
2in1タイプ	126
4in1タイプ	130
6in1タイプ	126
Ⅲ族	9
Ⅳ族	9
Ⅴ族	9

はかる×わかる半導体　パワーエレクトロニクス編
はんどうたい　　　　　　　　　　　　　　　　　　　　　へん

2019年5月1日　初版第1刷発行
2023年3月17日　　第2刷発行

監　　修	浅田邦博
	一般財団法人　パワーデバイス・イネーブリング協会
発　行　者	寺山正一
発　行　所	株式会社日経BPコンサルティング
	〒105-8308　東京都港区虎ノ門4-3-12
発　　売	株式会社日経BPマーケティング
装　　丁	コミュニケーションアーツ株式会社
制　　作	有限会社マーリンクレイン
印刷・製本	音羽印刷株式会社

© ADVANTEST CORPORATION 2019 Printed in Japan　　ISBN978-4-86443-129-3

＊本書の無断複写・複製（コピー等）は、著作権法上の例外を除き、禁じられています。
　購入者以外の第三者による電子データ化および電子書籍化は、私的使用を含め一切認められていません。
＊本書に関するお問い合わせ、ご連絡は下記にて承ります。
　http://nkbp.jp/booksQA